JN269718

河合塾
SERIES

教科書だけでは足りない

大学入試攻略

数列

河合塾講師
鈴木 克昌 著

河合出版

は じ め に

　現代の数学を学ぶうえで，高等学校で学ぶ数列の知識を欠くことはできません．
　高等学校の教科書で学ぶ数列の内容をみなさんがきちんと理解して，さらに高度な内容へスムーズに発展させるには，みなさんにどのような勉強をしてもらうのが効果的であるか，私は考えてきました．もちろん，それには希望の大学に合格することも含まれています．
　そのような考えをつきつめて作ったのが，この問題集です．
　この問題集では，数列について100題の問題を解説していきます．教科書の理解を深めるための問題から，最近の大学入試の傾向を反映させた問題まで，難度と内容に従って分類してあります．みなさんの勉強の進み具合や実力に応じて，この問題集のどこから取り組んでもらってもよいでしょう．例えば，数列についてある程度自信をもっている人であれば，第2章から始めてもらって構いません．ただし，その場合でも第1章のうち**例題20**，**練習20**，**例題21**，**練習21**の4題は取り組んでください．
　問題の解説の部分では，図や表を多く利用しています．特に第2章の解説では，図がみなさんの理解の助けになるはずです．
　この問題集を活用して，数列について教科書だけでは手の届かない高度な実力を身につけてください．

鈴木　克昌

おことわり

　解説の表記はおおむね日本の高等学校の数学教科書を参考にしました．ただし論理の流れを明確にするために

$$\therefore \quad (\cdots であるから\cdots)$$

という記号を用いました．前の内容から $\therefore$ 以降の内容が導かれることを意味します．

目 次

第1章 君は教科書を理解しているか ……………………… 5

第1節 等差数列・等比数列 …………………… 6
例題1〜例題6
練習1〜練習6

第2節 数列の和 …………………………………… 16
例題7〜例題12
練習7〜練習12

第3節 漸化式・数学的帰納法 ………………… 28
例題13〜例題22
練習13〜練習22

第2章 教科書だけでは足りない ……………………… 45

第4節 数列の特徴をとらえる ………………… 46
例題23〜例題29
練習23〜練習29

第5節 2次元に広がる数列 …………………… 54
例題30〜例題36
練習30〜練習36

第6節 隣り合う2つの項の関係を探る ……… 68
例題37〜例題50
練習37〜練習50

（別冊）練習の答

第1章
君は教科書を理解しているか

第1節　　等差数列・等比数列

第2節　　数列の和

第3節　　漸化式・数学的帰納法

第1節　等差数列・等比数列

❶　初項が a，公差が d の等差数列
$$a,\ a+d,\ a+2d,\ a+3d,\ a+4d,\ \cdots$$
の第 n 項を a_n，初項から第 n 項までの和を S_n とすると

$$a_n = a+(n-1)d$$
$$S_n = \frac{n\{2a+(n-1)d\}}{2}$$
$(n=1,\ 2,\ 3,\ \cdots)$

初項が a，末項が l，項数が n の等差数列
$$a,\ a+d,\ a+2d,\ \cdots,\ l-2d,\ l-d,\ l$$
の和を S とすると

$$S = \frac{n(a+l)}{2}$$

これは $S = \dfrac{a+l}{2} \times n$ つまり（初項と末項の平均）×（項数）と覚えてもよい．

❷　初項が a，公比が r の等比数列
$$a,\ ar,\ ar^2,\ ar^3,\ \cdots$$
の第 n 項を a_n，初項から第 n 項までの和を S_n とすると

$$a_n = ar^{n-1}$$
$$S_n = \begin{cases} \dfrac{a(r^n-1)}{r-1} = \dfrac{a(1-r^n)}{1-r} & (r \neq 1 \text{ のとき}) \\ na & (r = 1 \text{ のとき}) \end{cases}$$

$(n=1,\ 2,\ 3,\ \cdots)$

❸　3つの数 a, b, c がこの順に等差数列をなす条件は
$$2b = a+c$$

これは $b = \dfrac{a+c}{2}$（中央の項が両端の相加平均に一致する）と覚えてもよい．

❹　0でない3つの数 a, b, c がこの順に等比数列をなす条件は
$$b^2 = ac$$

> まずここを
> 理解しよう

初項が a,公比が r の等比数列は次のようになります.

$$a,\ ar,\ ar^2,\ ar^3,\ \cdots,\ ar^{n-1},\ \cdots$$
(×r, ×r, ×r, ×r)

4番目の項は a に r を3回掛けて得られるので,ar^3 となります.

$n \geqq 2$ とします.n 番目の項は a に r を $n-1$ 回掛けて得られるので ar^{n-1} となることがわかります.これは $n=1$ でも成り立っています.

では,この数列の初項から n 番目の項までの和

$$S_n = a + ar + ar^2 + \cdots + ar^{n-1} \qquad \cdots ①$$

は簡単にすると,どうなるでしょうか.①とその両辺に公比 r を掛けた式を並べて,それら2式の辺々を引くと次のようになります.

$$\begin{array}{rl}
S_n = & a + ar + ar^2 + \cdots + ar^{n-1} \\
-)\ rS_n = & \quad\ ar + ar^2 + \cdots + ar^{n-1} + ar^n \\
\hline
(1-r)S_n = & a + 0 + 0 + \cdots + 0 - ar^n
\end{array}$$

したがって

$$(1-r)S_n = a(1-r^n) \qquad \cdots ②$$

が導かれます.

もし,$r \neq 1$ ならば②の両辺を $1-r$ ($\neq 0$) で割って

$$S_n = \frac{a(1-r^n)}{1-r}$$

もし,$r=1$ ならば①から $S_n = a + a + a + \cdots + a$($n$ 個の和)となって

$$S_n = na$$

これらをまとめて,左側のページの ❷ となります.

第1節 等差数列・等比数列

例題 1

(1) $a_n = n^2 - 1$ $(n = 1, 2, 3, \cdots)$ を満たす数列 $\{a_n\}$ がある.
a_9 の値を求めよ. さらに a_{n+1} と a_{2n} を n で表せ.

(2) m は 0 以上の整数とする. 不等式 $-2m \leq x \leq m^2$ を満たす整数 x の個数が 100 となる m の値を求めよ.

考え方 m, n は $m < n$ を満たす整数であるとします. (2) は次を用いるとよいでしょう.

$$\begin{cases} m \leq x \leq n \text{ を満たす整数 } x \text{ の個数は } n - m + 1 \quad (\text{区間の長さより 1 多い}). \\ m < x < n \text{ を満たす整数 } x \text{ の個数は } n - m - 1 \quad (\text{区間の長さより 1 少ない}). \end{cases}$$

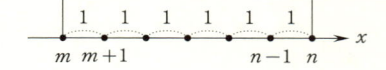

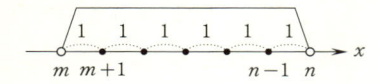

【解答】

(1) すべての自然数 n に対して

$$a_n = n^2 - 1 \quad \cdots ①$$

が成り立つので, $n = 9$ を代入すると

$$a_9 = 9^2 - 1 = 80 \quad \cdots (\text{答})$$

また, ① の n を $n+1, 2n$ に書き換えることにより

$$\begin{cases} a_{n+1} = (n+1)^2 - 1 = n(n+2) \\ a_{2n} = (2n)^2 - 1 = 4n^2 - 1 \end{cases} \quad \cdots (\text{答})$$

> $a_k = k^2 - 1$ はどんな自然数 k に対しても成り立つので $k = n+1, k = 2n$ を代入することができます.

(2) $-2m \leq x \leq m^2$ を満たす整数 x の個数は

$$m^2 - (-2m) + 1 = (m+1)^2$$

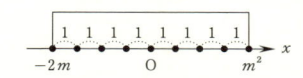

これが 100 となるので $(m+1)^2 = 10^2$

$m \geq 0$ に注意すると

$$m + 1 = 10 \quad \therefore \quad m = 9 \quad \cdots (\text{答})$$

> 区間の長さは $m^2 - (-2m)$ です.
> 両端が ● なので, ● の個数は (区間の長さ) +1 です.

練習 1

(1) $a_n = pn + q$ (p, q は実数で $p \neq 0$) がすべての自然数 n に対して成り立てば $a_{n+1} - a_n$ は自然数 n によらず一定であることを示せ.

(2) 不等式 $4m \leq x \leq m^2$ を満たす整数 x の個数が 33 となる 4 以上の整数 m を求めよ.

例題 2

(1) 等差数列 $a,\ 5,\ 7,\ 9,\ \cdots$ を $\{a_n\}$ とする.
a の値を求め, a_n を n で表せ. さらに $a_1+a_2+\cdots+a_n$ を n で表せ.

(2) 等比数列 $3,\ -6,\ 12,\ -24,\ 48,\ \cdots$ を $\{b_n\}$ とする.
b_n および $b_1+b_2+\cdots+b_n$ を n で表せ.

考え方 (1)では後ろの項から1つ手前の項を引いて公差を求めます. (2)では公比に注目します.

【解答】

(1) $\{a_n\}:\ a,\ 5,\ 7,\ 9,\ \cdots$ $+2\ +2\ +2$

     $a+2=5$ から a の値がわかります.

数列 $\{a_n\}$ は公差が 2 の等差数列であるので
$$a=5-2=3$$
$$a_n=a+2(n-1)=2n+1$$
$\cdots$(答)

     初項が a, 公差が d の等差数列の第 n 項は
$$a+(n-1)d$$
です. また, 初項から第 n 項までの和は
$$\frac{n\{2a+(n-1)d\}}{2}$$
となります.

さらに, 初項から第 n 項までの和は
$$a_1+a_2+\cdots+a_n=\frac{n\{2a+2(n-1)\}}{2}=n(n+2) \quad \cdots(答)$$

(2) $\{b_n\}:\ 3,\ -6,\ 12,\ -24,\ 48,\ \cdots$ $\times(-2)\ \times(-2)\ \times(-2)\ \times(-2)$

数列 $\{b_n\}$ は公比が $-2\ (\neq 1)$ の等比数列であり
$$b_n=3(-2)^{n-1} \quad \cdots(答)$$
$$b_1+b_2+\cdots+b_n=\frac{3\{1-(-2)^n\}}{1-(-2)}=1-(-2)^n \quad \cdots(答)$$

     初項が a, 公比が r の等比数列の第 n 項は
$$ar^{n-1}$$
です. また, 初項から第 n 項までの和は
$$\begin{cases} r\neq 1\ \text{なら}\ \dfrac{a(1-r^n)}{1-r} \\ r=1\ \text{なら}\ na \end{cases}$$
でした.

練習 2

n は自然数であるとする. 次の和を求めよ.

(1) $1+3+5+\cdots+(2n-1)$

(2) $1+\dfrac{1}{2}+\left(\dfrac{1}{2}\right)^2+\cdots+\left(\dfrac{1}{2}\right)^{n-1}$

第1節 等差数列・等比数列

例題 3

等差数列 $\{a_n\}$ が $a_8=31$, $a_{15}=59$ を満たしている．

(1) a_n を n で表せ．

(2) $50 \leqq a_n \leqq 100$ を満たす a_n の総和を求めよ．

(考え方) (1)では初項と公差をまず求めます．(2)では $50 \leqq a_n \leqq 100$ を満たす項を順に並べてみてください．それも等差数列となるので，公式を用いて和を求めます．

【解答】

(1) 等差数列 $\{a_n\}$ の初項を a, 公差を d とおくと
$$a_n = a + (n-1)d \quad (n=1, 2, 3, \cdots)$$
$a_8=31$, $a_{15}=59$ から
$$\begin{cases} a+7d=31 \\ a+14d=59 \end{cases} \quad \therefore \quad \begin{cases} a=3 \\ d=4 \end{cases}$$

したがって，$a_n = 3 + 4(n-1)$ となって
$$a_n = 4n-1 \quad (n=1, 2, 3, \cdots) \quad \cdots (答)$$

> $a + 14d = 59$
> $-)\ a + 7d = 31$
> $7d = 28$
> これから d を求めます．

(2) $50 \leqq a_n \leqq 100$ とすると $50 \leqq 4n-1 \leqq 100$

これから $\dfrac{51}{4} \leqq n \leqq \dfrac{101}{4}$ が導かれるので，これを満たす自然数 n は
$$n = 13, 14, 15, \cdots, 25$$
の $25-13+1=13$ 個である．

> まず各辺に 1 を加えて
> $51 \leqq 4n \leqq 101$
> として，さらに 4 で割ります．

> $1, 2, 3, \cdots, 25$ の 25 個から $1, 2, 3, \cdots, 12$ の 12 個を除いた 13 個です．

したがって，$50 \leqq a_n \leqq 100$ を満たす項の和は
$$\begin{aligned}
&a_{13} + a_{14} + a_{15} + \cdots + a_{25} \\
&= 51 + 55 + 59 + \cdots + 99 \\
&= \dfrac{13(51+99)}{2} = 13 \cdot 75 = 975 \quad \cdots (答)
\end{aligned}$$

> 初項が 51, 末項が 99, 項数が 13 の等差数列の和を求めます．

練習 3

等差数列 $\{a_n\}$ が $a_{10}=32$, $a_{16}=50$ を満たしている．

(1) a_n を n で表せ．

(2) 数列 $\{a_n\}$ の項のうち，$60 \leqq a_n \leqq 100$ を満たすものの総和を求めよ．

例題 4

(1) n を自然数とする．$6n$ 個の自然数 $1, 2, 3, \cdots, 6n$ のうち，2 でも 3 でも割り切れないものの総和を求めよ．

(2) 2^n の正の約数の総和を求めよ．ただし，n は自然数である．

考え方 2 で割り切れず，しかも 3 で割り切れない整数（1, 5, 7, 11, 13 など）は

(ア) 6 で割った余りが 1 のもの　　(イ) 6 で割った余りが 5 のもの

に分けられます．それぞれで和を求めて合計します．

【解答】

(1) 2 でも 3 でも割り切れない整数とは，6 で割った余りが 1 または 5 である整数のことである．

$1, 2, 3, \cdots, 6n$ のうち

(ア) 6 で割った余りが 1 である数は

$1, 7, 13, 19, \cdots, 6n-5$ の n 個

(イ) 6 で割った余りが 5 である数は

$5, 11, 17, 23, \cdots, 6n-1$ の n 個

である．(ア)，(イ) のどちらも n 個の数が等差数列をなすので，2 でも 3 でも割り切れない整数の総和は

$$\underbrace{\frac{n\{1+(6n-5)\}}{2}}_{((ア)の合計)} + \underbrace{\frac{n\{5+(6n-1)\}}{2}}_{((イ)の合計)} = 6n^2 \quad \cdots (答)$$

> どんな整数も，整数 k を使って
> $$6k+i$$
> $(i=0, 1, 2, \cdots, 5)$
> と表されます．$6k+i$ が 2 でも 3 でも割り切れないのは
> $$i=1, 5$$
> の場合です．

> 初項が a，末項が l，項数が n の等差数列の和が
> $$\frac{n(a+l)}{2}$$
> であることを用いています．

(2) 2^n の正の約数は

$$2^0 (=1), 2^1, 2^2, 2^3, \cdots, 2^n$$

の $n+1$ 個である．これらは初項が 1，公比が 2 の等比数列をなすので，その総和は

$$\frac{1(2^{n+1}-1)}{2-1} = 2^{n+1}-1 \quad \cdots (答)$$

> $\overbrace{0乗, 1乗, 2乗, \cdots, n乗}^{(n個)}$
> と並ぶので，個数は $n+1$ です．

> 項数が $n+1$ なので $n+1$ 乗になっています．

練習 4

n は自然数であるとする．$4n$ 個の自然数 $1, 2, 3, \cdots, 4n$ のうち，2 で割り切れるが 4 では割り切れないものの総和を求めよ．

例題 5

公比が実数である等比数列 $\{a_n\}$ は $a_2=6$, $a_5=162$ を満たしている.

(1) a_n を n で表せ.

(2) $b_n=a_{n+1}-a_n$, $c_n=\dfrac{1}{a_n}$ $(n=1, 2, 3, \cdots)$ により数列 $\{b_n\}$, $\{c_n\}$ を定める. 数列 $\{b_n\}$ も数列 $\{c_n\}$ も等比数列であることを示せ.

(3) (2)の数列 $\{b_n\}$, $\{c_n\}$ に対して $\dfrac{b_1+b_2+\cdots+b_n}{c_1+c_2+\cdots+c_n}$ を n で表せ.

考え方 (1)ではまず初項と公比を求めます. (2)では数列 $\{b_n\}$, $\{c_n\}$ の一般項を求めて, 等比数列の一般項の公式と比較します. つまり $b_n=br^{n-1}$ $(n=1, 2, 3, \cdots)$ が導かれると, 数列 $\{b_n\}$ は初項が b, 公比が r の等比数列であることがわかります.

【解答】

(1) 等比数列 $\{a_n\}$ の初項を a, 公比を r とすると
$$a_n=ar^{n-1} \quad (n=1, 2, 3, \cdots)$$
$a_2=6$, $a_5=162$ であるから
$$\begin{cases} ar=6 & \cdots ① \\ ar^4=162 & \cdots ② \end{cases}$$
② は $ar \times r^3=162$ となるので, ① を代入し
$$6r^3=162 \quad \therefore \quad r^3=27 \ (=3^3)$$
r は実数であるので $r=3$

① に代入し $a=2$

したがって
$$a_n=2\cdot 3^{n-1} \quad (n=1, 2, 3, \cdots) \quad \cdots \text{(答)}$$

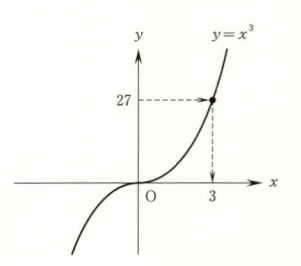

上の図のように $r^3=27$ を満たす実数は $r=3$ だけです. もちろん
$$(r-3)(r^2+3r+9)=0$$
として r を求めてもよいです.

(2) (1)の結果から $a_{n+1}=2\cdot 3^n$ となるので

$a_n=2\cdot 3^{n-1}$ の n を $n+1$ に書き換えています.

$$b_n=a_{n+1}-a_n=2\cdot 3^n-2\cdot 3^{n-1}$$
$$=2\cdot 3^{n-1}(3-1)$$
$$\therefore \quad b_n=4\cdot 3^{n-1} \quad (n=1, 2, 3, \cdots)$$

等比数列の一般項の形になっています.

したがって，数列 $\{b_n\}$ は初項が 4，公比が 3 の等比数列である．

一方
$$c_n = \frac{1}{a_n} = \frac{1}{2 \cdot 3^{n-1}}$$
$$\therefore \quad c_n = \frac{1}{2}\left(\frac{1}{3}\right)^{n-1} \quad (n=1, 2, 3, \cdots)$$

> $c_n = c \cdot r^{n-1}$ を導いて，数列 $\{c_n\}$ が等比数列であることを示します．

よって，数列 $\{c_n\}$ は初項が $\frac{1}{2}$，公比が $\frac{1}{3}$ の等比数列である．

(3) (2) の結果により
$$b_1 + b_2 + \cdots + b_n = \frac{4(3^n - 1)}{3 - 1} = 2(3^n - 1)$$

> 初項が a，公比が r の等比数列の初項から第 n 項までの和は
> $\begin{cases} r \neq 1 \text{ のとき } \dfrac{a(r^n - 1)}{r - 1} = \dfrac{a(1 - r^n)}{1 - r} \\ r = 1 \text{ のとき } na \end{cases}$
> です．

$$c_1 + c_2 + \cdots + c_n = \frac{\dfrac{1}{2}\left\{1 - \left(\dfrac{1}{3}\right)^n\right\}}{1 - \dfrac{1}{3}}$$

> 分子と分母に 6 を掛けて整理します．

$$= \frac{3}{4}\left\{1 - \left(\frac{1}{3}\right)^n\right\} = \frac{3(3^n - 1)}{4 \cdot 3^n}$$

したがって
$$\frac{b_1 + b_2 + \cdots + b_n}{c_1 + c_2 + \cdots + c_n} = \frac{2(3^n - 1)}{\dfrac{3(3^n - 1)}{4 \cdot 3^n}} = \frac{2 \cdot 4 \cdot 3^n}{3}$$

$$\therefore \quad \frac{b_1 + b_2 + \cdots + b_n}{c_1 + c_2 + \cdots + c_n} = 8 \cdot 3^{n-1} \quad \cdots \text{(答)}$$
$$(n = 1, 2, 3, \cdots)$$

練習 5

公比が実数である等比数列 $\{a_n\}$ は $a_4 = 24$，$a_7 = 192$ を満たす．

(1) a_n を n で表せ．

(2) $b_n = \dfrac{1}{a_{n+1} + a_n}$ $(n = 1, 2, 3, \cdots)$ とおく．$b_1 + b_2 + \cdots + b_n$ を n で表せ．

第 1 節　等差数列・等比数列

例題 6

(1) 等比数列 $\{a_n\}$ が $a_1+a_2+a_3=10$, $a_1+a_2+a_3+\cdots+a_6=90$ を満たしている. a_n を n で表せ. ただし, この等比数列の公比は実数である.

(2) 等差数列をなす相異なる3つの数を $m-d$, m, $m+d$ $(d\neq 0)$ と表せる. この3つの数をうまく並べ替えると等比数列ができるとき, この3つの数を m で表せ. ただし, この3つの数はどれも0ではないとする.

考え方 問題に登場する項の個数が少ないので, 項を具体的に書き表してしまうのがよいでしょう.

(2)も3数を $m-d$, m, $m+d$ と表したあと,

$$3数\ x,\ y,\ z\ がこの順に等比数列をなす \iff xz=y^2$$

であることを利用します. ただし, $x\neq 0$, $y\neq 0$, $z\neq 0$ です.

【解答】

(1) 与えられた条件から

$$\begin{cases} a_1+a_2+a_3=10 \\ a_4+a_5+a_6=90-10 \end{cases}$$

$\underline{a_1+a_2+a_3}+a_4+a_5+a_6$ のうち, $\underline{}$ の部分の値が10です.

等比数列 $\{a_n\}$ の初項を a, 公比を r とすると

$$\begin{cases} a+ar+ar^2=10 \\ ar^3+ar^4+ar^5=80 \end{cases}$$

$$\therefore \begin{cases} a(1+r+r^2)=10 & \cdots ① \\ \underline{a(1+r+r^2)}\times r^3=80 & \cdots ② \end{cases}$$

① を用いて, ② から $a(1+r+r^2)$ の部分を消去します.

① を ② に代入し $r^3=8$

公比 r は実数であるので $r=2$

① に代入し $7a=10$ となって $a=\dfrac{10}{7}$

したがって, 数列 $\{a_n\}$ の一般項は

$$a_n=\dfrac{10}{7}\cdot 2^{n-1}=\dfrac{5}{7}\cdot 2^n \qquad \cdots(答)$$

$$(n=1,\ 2,\ 3,\ \cdots)$$

(2) 3数 $m-d$, m, $m+d$ $(d\neq 0)$ を並べて等比数列ができるので

$$\begin{cases} \text{(ア)} & m^2=(m-d)(m+d) \\ \text{(イ)} & (m-d)^2=m(m+d) \\ \text{(ウ)} & (m+d)^2=m(m-d) \end{cases}$$

> 3数を並べた等比数列において
> $\begin{cases} \text{(ア)は中央が} & m \\ \text{(イ)は中央が} & m-d \\ \text{(ウ)は中央が} & m+d \end{cases}$
> の場合に対応します.

のいずれかが成り立つ.

(ア)の場合, $d^2=0$ となり $d\neq 0$ に反する.

(イ)の場合, $-2md+d^2=md$ となって
$$d(-3m+d)=0$$

(ウ)の場合, $2md+d^2=-md$ となって
$$d(3m+d)=0$$

$d\neq 0$ であるので,これらの等式から
$$d=3m \quad \text{または} \quad d=-3m \quad (m\neq 0)$$
が導かれる.いずれにしても,この3数は
$$-2m,\ m,\ 4m \quad (m\neq 0) \quad \cdots \text{(答)}$$
と表される.

> 3数を
> $\qquad m,\ -2m,\ 4m$
> あるいは
> $\qquad 4m,\ -2m,\ m$
> と並べると等比数列になっています.

練習 6 等差数列をなす3つの数があり,それらの和が 6, 積が -42 である.これら3数を求めよ.

第2節 数列の和

❶ $a_1+a_2+a_3+\cdots+a_n=\sum_{k=1}^{n}a_k$ とする．ただし n は自然数である．例えば

$$\sum_{k=1}^{7}\frac{1}{k}=\frac{1}{1}+\frac{1}{2}+\frac{1}{3}+\cdots+\frac{1}{7}, \quad 1^2+2^2+3^2+\cdots+(n+1)^2=\sum_{k=1}^{n+1}k^2$$

❷ n は自然数で p, q は定数とする．$\sum_{k=1}^{n}(pa_k+qb_k)=p\sum_{k=1}^{n}a_k+q\sum_{k=1}^{n}b_k$ であり

$$\boxed{\begin{aligned}1+2+3+\cdots+n &= \sum_{k=1}^{n}k=\frac{n(n+1)}{2} \\ 1^2+2^2+3^2+\cdots+n^2 &= \sum_{k=1}^{n}k^2=\frac{n(n+1)(2n+1)}{6} \\ 1^3+2^3+3^3+\cdots+n^3 &= \sum_{k=1}^{n}k^3=\left\{\frac{n(n+1)}{2}\right\}^2 \\ \underbrace{c+c+c+\cdots+c}_{(n\text{個の和})} &= \sum_{k=1}^{n}c=nc \quad (c\text{ は定数})\end{aligned}}$$

❸ $a_n=f(n)-f(n+1)$ $(n=1, 2, 3, \cdots)$ を満たす関数 f が存在するとき

$$\sum_{k=1}^{n}a_k=\sum_{k=1}^{n}\{f(k)-f(k+1)\}=f(1)-f(n+1)$$

となる．a_n が n についての分数式で表されているとき，それを部分分数に分けることにより，このような関数 f が見つかることがある．

❹ 数列 $\{a_n\}$ の階差数列 $\{b_n\}$ は $a_{n+1}-a_n=b_n$ $(n=1, 2, 3, \cdots)$ を満たす．

$$\boxed{\begin{aligned}&n\geqq 2 \text{ であれば} \\ &a_n=a_1+\begin{pmatrix}\text{階差数列の初項から} \\ \text{第 } n-1 \text{ 項までの和}\end{pmatrix}\end{aligned}}$$

❺ $S_n=a_1+a_2+a_3+\cdots+a_n$ $(n=1, 2, 3, \cdots)$ とする．

$$\boxed{\begin{aligned}&n\geqq 2 \text{ のとき} \quad a_n=S_n-S_{n-1} \\ &a_1=S_1\end{aligned}}$$

まずここを理解しよう

初項が 1, 末項が n, 項数が n である等差数列の和を求めると

$$1+2+3+\cdots+n=\sum_{k=1}^{n}k=\frac{n(n+1)}{2} \quad \cdots ①$$

であることがわかります. では $\sum_{k=1}^{n}k^2$ はどのように求めればよいでしょうか.

$$(k+1)^3-k^3=3k^2+3k+1 \quad (k=1, 2, 3, \cdots) \quad \cdots ②$$

が成り立つことを用いて, それを求めてみます. ② に $k=1, 2, 3, \cdots, n$ を代入した式をたてに並べ, それらを加える計算は次のようになります.

$$
\begin{aligned}
2^3-1^3 &= 3\cdot 1^2 + 3\cdot 1 + 1 \\
3^3-2^3 &= 3\cdot 2^2 + 3\cdot 2 + 1 \\
4^3-3^3 &= 3\cdot 3^2 + 3\cdot 3 + 1 \\
&\vdots \\
+)\quad (n+1)^3-n^3 &= 3\cdot n^2 + 3\cdot n + 1 \\
\hline
(n+1)^3-1^3 &= 3(1^2+2^2+3^2+\cdots+n^2) \\
&\quad +3(1+2+3+\cdots+n)+n
\end{aligned}
$$

したがって $(n+1)^3-1=3\sum_{k=1}^{n}k^2+3\sum_{k=1}^{n}k+n$

これに ① を代入して整理することを行います.

$$
\begin{aligned}
3\sum_{k=1}^{n}k^2 &= (n+1)^3-n-1-3\sum_{k=1}^{n}k \\
&= (n+1)^3-(n+1)-3\cdot\frac{n(n+1)}{2} \\
&= \frac{n+1}{2}\cdot\{2(n^2+2n+1)-2-3n\} = \frac{n+1}{2}\cdot(2n^2+n)
\end{aligned}
$$

を得るので, さらに 3 で割って $\sum_{k=1}^{n}k^2=\dfrac{n(n+1)(2n+1)}{6}$ となります.

例題 7

次の和を求めよ．ただし(1), (2), (3), (5)では n は自然数，(4)では n は 2 以上の整数である．

(1) $\displaystyle\sum_{k=1}^{n}(k^2-3k+2)$ (2) $\displaystyle\sum_{k=1}^{n}(k-1)(k+2)$

(3) $\displaystyle\sum_{k=0}^{n}(k^3+1)$ (4) $\displaystyle\sum_{k=1}^{n-1}k(k-1)^2$ (5) $\displaystyle\sum_{k=1}^{n}k(n-k+1)$

考え方 $\sum$ 記号の後ろを降べきの順に整理して，16 ページの公式を用います．(3)では $k=0$ に対する項と，$k=1$ から $k=n$ までの和に分けて，後者に公式を用います．(4)では公式の n を $n-1$ に書き換えた式を利用します．(5)では n を「k に関係しない定数」と考えます．

【解答】

(1) $\displaystyle\sum_{k=1}^{n}(k^2-3k+2) = \frac{n(n+1)(2n+1)}{6} - 3\cdot\frac{n(n+1)}{2} + 2n$ ← $\displaystyle\sum_{k=1}^{n}k^2 - 3\sum_{k=1}^{n}k + \sum_{k=1}^{n}2$ と変形して，公式を用います．

$\displaystyle\phantom{\sum_{k=1}^{n}(k^2-3k+2)} = \frac{n}{6}\{(2n^2+3n+1)-9(n+1)+12\}$ ← 全体を $\frac{n}{6}$ でくくります．展開したときに元の式に戻るよう係数を調節します．

$\displaystyle\phantom{\sum_{k=1}^{n}(k^2-3k+2)} = \frac{n}{6}(2n^2-6n+4)$

$\displaystyle\phantom{\sum_{k=1}^{n}(k^2-3k+2)} = \frac{n(n-1)(n-2)}{3}$ …(答)

(2) $\displaystyle\sum_{k=1}^{n}(k-1)(k+2) = \sum_{k=1}^{n}(k^2+k-2)$

$\displaystyle\phantom{\sum_{k=1}^{n}(k-1)(k+2)} = \frac{n(n+1)(2n+1)}{6} + \frac{n(n+1)}{2} - 2n$

$\displaystyle\phantom{\sum_{k=1}^{n}(k-1)(k+2)} = \frac{n}{6}\{(2n^2+3n+1)+3(n+1)-12\}$

$\displaystyle\phantom{\sum_{k=1}^{n}(k-1)(k+2)} = \frac{n}{6}(2n^2+6n-8)$

$\displaystyle\phantom{\sum_{k=1}^{n}(k-1)(k+2)} = \frac{n(n+4)(n-1)}{3}$ …(答)

(3) $\displaystyle\sum_{k=0}^{n}(k^3+1) = 1 + \sum_{k=1}^{n}(k^3+1) = 1 + \left\{\frac{n(n+1)}{2}\right\}^2 + n$ ← $\displaystyle\sum_{k=0}^{n}a_k = a_0+a_1+a_2+\cdots+a_n = a_0 + \sum_{k=1}^{n}a_k$ と変形します．

$\displaystyle\phantom{\sum_{k=0}^{n}(k^3+1)} = \frac{n+1}{4}\{4+n^2(n+1)\}$

$$= \frac{(n+1)(n^3+n^2+4)}{4} \qquad \cdots(答)$$

$$\left[= \frac{(n+1)(n+2)(n^2-n+2)}{4} \right]$$

(4) $\displaystyle\sum_{k=1}^{n-1} k(k-1)^2 = \sum_{k=1}^{n-1}(k^3-2k^2+k)$

$$= \left\{\frac{(n-1)n}{2}\right\}^2 - 2 \cdot \frac{(n-1)n(2n-1)}{6} + \frac{(n-1)n}{2}$$

$$= \frac{(n-1)n}{12}\{3(n^2-n)-4(2n-1)+6\}$$

$$= \frac{n(n-1)(3n^2-11n+10)}{12}$$

$$= \frac{n(n-1)(n-2)(3n-5)}{12} \qquad \cdots(答)$$

> $k=1$ から $k=n-1$ までの和なので，$k=n$ までの和を求める公式の n を $n-1$ に書き換えた式を用います．

(5) $\displaystyle\sum_{k=1}^{n} k(n-k+1) = \sum_{k=1}^{n}\{-k^2+(n+1)k\}$

$$= -\sum_{k=1}^{n} k^2 + (n+1)\sum_{k=1}^{n} k$$

$$= -\frac{n(n+1)(2n+1)}{6} + (n+1) \cdot \frac{n(n+1)}{2}$$

$$= \frac{n(n+1)}{6}\{-(2n+1)+3(n+1)\}$$

$$= \frac{n(n+1)(n+2)}{6} \qquad \cdots(答)$$

> k について降べきの順に整理して，n を定数として扱います．$n+1$ を $\sum$ の記号の前へ移します．

練習 7

次の和を求めよ．ただし，(2)，(4) で n は自然数，(3) で n は 2 以上の整数である．

(1) $\displaystyle\sum_{k=1}^{14} k(15-k)$

(2) $\displaystyle\sum_{k=1}^{n}(2k^2-12k+13)$

(3) $\displaystyle\sum_{k=1}^{n-1}(k+1)(k-1)(k-2)$

(4) $\displaystyle\sum_{k=0}^{n}(k+1)(k+n)$

例題 8

次の和を求めよ．ただし，(1), (2), (3)において n は自然数，(4)において n は 2 以上の整数である．

(1) $\displaystyle\sum_{k=1}^{n}(n-k+1)^2$

(2) $1\cdot 2+2\cdot 3+3\cdot 4+\cdots +n(n+1)$

(3) $1\cdot n+2(n-1)+3(n-2)+\cdots +(n-1)\cdot 2+n\cdot 1$

(4) $(n+1)^2+(n+2)^2+(n+3)^2+\cdots +(2n-1)^2$

考え方 (1)は例題7(5)のように計算することもできますが，実際に $k=1$ から $k=n$ までを代入した式を作ってみると，簡単に計算できます．

(2), (3), (4)は和を $\sum$ の記号で表します．和の3番目，4番目の項の形に注目して，k 番目の項がどのような式で表されるか考えます．さらに和の最後の項は先頭から何番目にあたるか（対応する k の値は何であるか）にも注意します．

【解答】

(1) $\displaystyle\sum_{k=1}^{n}(n-k+1)^2=n^2+(n-1)^2+(n-2)^2+\cdots +3^2+2^2+1^2$

$\qquad\qquad\qquad =1^2+2^2+3^2+\cdots +(n-2)^2+(n-1)^2+n^2$

$\qquad\qquad\qquad =\displaystyle\sum_{l=1}^{n}l^2=\dfrac{n(n+1)(2n+1)}{6}\qquad\cdots$（答）

> 並ぶ順序を逆にすると，見慣れた形になります．

(2) 数列 $1\cdot 2,\ 2\cdot 3,\ 3\cdot 4,\ \cdots,\ n(n+1)$ において

$\begin{cases} \text{第 }k\text{ 項は }k(k+1)\text{ と表され，} \\ \text{末項は }k=n\text{ に対応する} \end{cases}$

> $\begin{cases} 3\text{番目は }3\cdot 4, \\ 4\text{番目は }4\cdot 5 \end{cases}$
> なので
> $\quad k$ 番目は $k(k+1)$
> となります．末項 $n(n+1)$ は $k=n$ とした項です．

ことに注目すると

$1\cdot 2+2\cdot 3+3\cdot 4+\cdots +n(n+1)=\displaystyle\sum_{k=1}^{n}k(k+1)$

$=\displaystyle\sum_{k=1}^{n}(k^2+k)=\dfrac{n(n+1)(2n+1)}{6}+\dfrac{n(n+1)}{2}$

$=\dfrac{n(n+1)}{6}\{(2n+1)+3\}=\dfrac{n(n+1)(n+2)}{3}\qquad\cdots$（答）

(3) 数列 $1 \cdot n,\ 2(n-1),\ 3(n-2),\ \cdots,\ n \cdot 1$ において

$\begin{cases} 第\ k\ 項は\ k\{n-(k-1)\}=k(n+1-k)\ であり, \\ 末項は\ k=n\ に対応する \end{cases}$

ことに注目すると

$1 \cdot n + 2(n-1) + 3(n-2) + \cdots + (n-1) \cdot 2 + n \cdot 1$

$= \sum_{k=1}^{n} k(n+1-k) = \sum_{k=1}^{n} \{-k^2 + (n+1)k\}$

$= -\dfrac{n(n+1)(2n+1)}{6} + (n+1) \cdot \dfrac{n(n+1)}{2}$

$= \dfrac{n(n+1)}{6}\{-(2n+1) + 3(n+1)\}$

$= \dfrac{n(n+1)(n+2)}{6}$ …(答)

> 3番目は $3(n-2)$,
> 4番目は $4(n-3)$
> なので
> k 番目は $k\{n-(k-1)\}$
> となります. 末項 $n \cdot 1$ は
> $k=n$ とした項です.

> $n+1$ は k に関係しない定数です.

(4) 数列 $(n+1)^2,\ (n+2)^2,\ \cdots,\ (2n-1)^2$ において

$\begin{cases} 第\ k\ 項は\ (n+k)^2\ であり, \\ 末項は\ k=n-1\ に対応する. \end{cases}$

したがって

$(n+1)^2 + (n+2)^2 + (n+3)^2 + \cdots + (2n-1)^2$

$= \sum_{k=1}^{n-1}(n+k)^2 = \sum_{k=1}^{n-1}(k^2 + 2nk + n^2)$

$= \dfrac{(n-1)n(2n-1)}{6} + 2n \cdot \dfrac{(n-1)n}{2} + n^2(n-1)$

$= \dfrac{(n-1)n}{6}\{(2n-1) + 6n + 6n\}$

$= \dfrac{n(n-1)(14n-1)}{6}$ …(答)

> 第 k 項が $(n+k)^2$ なので, 末項
> $(2n-1)^2 = \{n+(n-1)\}^2$
> は $k=n-1$ に対応しています. つまり, 与えられた和は $n-1$ 個の項の和になっています.

練習 8 次の和を求めよ. ただし, (1), (2)で n は自然数, (3)で n は 2 以上の整数である.

(1) $\sum_{k=1}^{n}(k-1)^3$ (2) $1 \cdot 3 + 2 \cdot 4 + 3 \cdot 5 + \cdots + n(n+2)$

(3) $(n+1)(2n-1) + (n+2)(2n-2) + (n+3)(2n-3) + \cdots + (2n-1)(n+1)$

例題 9

(1) $\dfrac{1}{1\cdot 2}+\dfrac{1}{2\cdot 3}+\dfrac{1}{3\cdot 4}+\cdots+\dfrac{1}{n(n+1)}>\dfrac{99}{100}$ を満たす自然数 n の条件を求めよ．

(2) 次の和を求め，結果を n で表せ．ただし，n は自然数である．

(ⅰ) $\displaystyle\sum_{k=1}^{n}\dfrac{1}{k^2+2k}$　　　　(ⅱ) $\displaystyle\sum_{k=1}^{n}\log_2\dfrac{k+1}{k}$

考え方 (1)の不等式で，左辺の k 番目の項 $\dfrac{1}{k(k+1)}$ を 2 つの分数の差に直すことができます．そのうえで $k=1$，2，3，$\cdots$，n について和をとることで，簡単な不等式を導くことができます．

(2)の(ⅰ)も $\dfrac{1}{k^2+2k}=\dfrac{1}{k(k+2)}$ を同様に変形してから和を求めます．

【解答】

(1) k を自然数とすると

$$\dfrac{1}{k(k+1)}=\dfrac{1}{k}-\dfrac{1}{k+1}$$

が成り立つので

$$\dfrac{1}{1\cdot 2}+\dfrac{1}{2\cdot 3}+\dfrac{1}{3\cdot 4}+\cdots+\dfrac{1}{(n-1)n}+\dfrac{1}{n(n+1)}$$
$$=\left(\dfrac{1}{1}-\dfrac{1}{2}\right)+\left(\dfrac{1}{2}-\dfrac{1}{3}\right)+\left(\dfrac{1}{3}-\dfrac{1}{4}\right)$$
$$+\cdots+\left(\dfrac{1}{n-1}-\dfrac{1}{n}\right)+\left(\dfrac{1}{n}-\dfrac{1}{n+1}\right)$$
$$=\dfrac{1}{1}-\dfrac{1}{n+1}$$

> 分子の 1 を分母の k，$k+1$ を使って $(k+1)-k$ に書き直して，
> $$\dfrac{1}{k(k+1)}=\dfrac{(k+1)-k}{k(k+1)}$$
> $$=\dfrac{k+1}{k(k+1)}-\dfrac{k}{k(k+1)}$$
> とすると導けます．

> 途中が消えて，最初と最後だけが残ります．

したがって，与えられた不等式から

$$\dfrac{1}{1}-\dfrac{1}{n+1}>\dfrac{99}{100} \qquad \therefore \ 1-\dfrac{99}{100}>\dfrac{1}{n+1}$$

両辺に正の数 $100(n+1)$ を掛けて $n+1>100$ となって

$$n>99 \qquad \cdots\text{(答)}$$

> 与えられた不等式を満たす自然数は
> $$n=100,\ 101,\ 102,\ \cdots$$
> となります．

(2)

(ⅰ) $k=1, 2, 3, \cdots, n$ に対して

$$\frac{1}{k^2+2k}=\frac{1}{k(k+2)}=\frac{1}{2}\left(\frac{1}{k}-\frac{1}{k+2}\right)$$

が成り立つので，$n \geqq 2$ のとき

$$\sum_{k=1}^{n}\frac{1}{k^2+2k}=\frac{1}{2}\sum_{k=1}^{n}\left(\frac{1}{k}-\frac{1}{k+2}\right)$$

$$=\frac{1}{2}\left\{\left(\frac{1}{1}-\frac{1}{3}\right)+\left(\frac{1}{2}-\frac{1}{4}\right)+\left(\frac{1}{3}-\frac{1}{5}\right)+\left(\frac{1}{4}-\frac{1}{6}\right)\right.$$

$$\left.+\cdots+\left(\frac{1}{n-2}-\frac{1}{n}\right)+\left(\frac{1}{n-1}-\frac{1}{n+1}\right)+\left(\frac{1}{n}-\frac{1}{n+2}\right)\right\}$$

$$=\frac{1}{2}\left(\frac{1}{1}+\frac{1}{2}-\frac{1}{n+1}-\frac{1}{n+2}\right)$$

$$=\frac{1}{2}\left\{\left(1-\frac{1}{n+1}\right)+\left(\frac{1}{2}-\frac{1}{n+2}\right)\right\}$$

$$=\frac{1}{2}\left\{\frac{n}{n+1}+\frac{n}{2(n+2)}\right\}=\frac{n(3n+5)}{4(n+1)(n+2)} \quad \cdots \text{(答)}$$

> $\dfrac{1}{k(k+2)}$ の分子を次のように書き直していくとよいでしょう．
> $\dfrac{1}{k(k+2)}=\dfrac{1}{2}\cdot\dfrac{(k+2)-k}{k(k+2)}$
> $=\dfrac{1}{2}\left\{\dfrac{k+2}{k(k+2)}-\dfrac{k}{k(k+2)}\right\}$

> $\{\ \}$ 内は，$\dfrac{1}{1}$，$\dfrac{1}{2}$，$\dfrac{1}{n+1}$，$\dfrac{1}{n+2}$ を残して，他はすべて消えてしまいます．

これは $n=1$ の場合も成り立つ．

(ⅱ) $\log_2\dfrac{k+1}{k}=\log_2(k+1)-\log_2 k \quad (k=1, 2, \cdots, n)$

であるので

$$\sum_{k=1}^{n}\log_2\frac{k+1}{k}=\sum_{k=1}^{n}\{-\log_2 k+\log_2(k+1)\}$$

$$=(-\log_2 1+\log_2 2)+(-\log_2 2+\log_2 3)+(-\log_2 3+\log_2 4)$$

$$+\cdots+\{-\log_2(n-1)+\log_2 n\}+\{-\log_2 n+\log_2(n+1)\}$$

$$=-\log_2 1+\log_2(n+1)=\log_2(n+1) \quad \cdots \text{(答)}$$

> $x>0$, $y>0$ のとき
> $\log_a\dfrac{x}{y}=\log_a x-\log_a y$
> です．ただし，a は1でない正の数です．

練習 9

次の和を求めよ．

(1) $\dfrac{1}{4\cdot5}+\dfrac{1}{5\cdot6}+\dfrac{1}{6\cdot7}+\cdots+\dfrac{1}{19\cdot20}$

(2) $\displaystyle\sum_{k=1}^{n}\frac{1}{k^2+5k+6}$ 　　　(3) $\displaystyle\sum_{k=1}^{n}\frac{1}{4k^2-1}$

例題10

次の和を求めよ．ただし，n は自然数であるとする．

(1) $\displaystyle\sum_{k=1}^{n}(2^k-1)(2^k+1)$ (2) $\displaystyle\sum_{k=1}^{n}(k\cdot 3^k)$

考え方 (1)は $(2^k-1)(2^k+1)$ の部分を展開したうえで，$k=1,\ 2,\ 3,\ \cdots,\ n$ を代入した値を並べて加えていきます．(2)も $S=\displaystyle\sum_{k=1}^{n}(k\cdot 3^k)$ とおいたうえで，k に値を代入して並べてください．7ページの等比数列の和の公式の証明と似た手法で和を求めることができます．

【解答】

(1) $(2^k-1)(2^k+1)=(2^k)^2-1=4^k-1$ であるので

$$\sum_{k=1}^{n}(2^k-1)(2^k+1)=\sum_{k=1}^{n}4^k-\sum_{k=1}^{n}1$$
$$=(4^1+4^2+4^3+\cdots+4^n)-n$$
$$=\frac{4(4^n-1)}{4-1}-n=\frac{4^{n+1}-3n-4}{3} \quad \cdots\text{(答)}$$

> $4^1+4^2+4^3+\cdots+4^n$ は初項が 4，公比が 4，項数が n の等比数列の和です．

(2) $S=\displaystyle\sum_{k=1}^{n}(k\cdot 3^k)$ とおくと

$$S=1\cdot 3^1+2\cdot 3^2+3\cdot 3^3+\cdots+n\cdot 3^n$$
$$\therefore\ 3S=1\cdot 3^2+2\cdot 3^3+\cdots+(n-1)3^n+n\cdot 3^{n+1}$$

> 両辺に 3 を掛け，3^k の項をたてにそろえて並べ，辺々引きます．

辺々引いて

$$-2S=(\ 3^1+\ 3^2+\ 3^3+\cdots+3^n)-n\cdot 3^{n+1}$$
$$=\frac{3(3^n-1)}{3-1}-n\cdot 3^{n+1}=\frac{(1-2n)3^{n+1}-3}{2}$$

> $3^1+3^2+3^3+\cdots+3^n$ は初項が 3，公比が 3，項数が n の等比数列の和です．

を得る．さらに -2 で割って

$$\sum_{k=1}^{n}(k\cdot 3^k)=S=\frac{(2n-1)3^{n+1}+3}{4} \quad \cdots\text{(答)}$$

練習10

n を自然数とする．次の和を求めよ．

(1) $S=\dfrac{1}{2}+\dfrac{2}{2^2}+\dfrac{3}{2^3}+\cdots+\dfrac{n}{2^n}$ (2) $\displaystyle\sum_{k=1}^{n}(k+1)2^k$

例題11

(1) 数列 $\{a_n\}$ の初項から第 n 項までの和を S_n とする．任意の自然数 n に対し $S_n=(n+1)!$ が成り立つとき，数列 $\{a_n\}$ の一般項を求めよ．

(2) 次の条件を満たす数列 $\{x_n\}$ の一般項を求めよ．
$$x_1+2x_2+3x_3+\cdots+nx_n=n\cdot 2^n \quad (n=1,\ 2,\ 3,\ \cdots)$$

考え方 (1)では $a_1=S_1$, $a_n=S_n-S_{n-1}$ $(n\geqq 2)$ であることを利用します．

【解答】

(1) $S_n=(n+1)!$ であるから，$n\geqq 2$ のとき
$$a_n=S_n-S_{n-1}=(n+1)!-n!$$
$$=\{(n+1)-1\}n!=n\cdot n!$$

また $a_1=S_1=2!=2$ であるので
$$a_n=\begin{cases} 2 & (n=1 \text{ のとき}) \\ n\cdot n! & (n\geqq 2 \text{ のとき}) \end{cases} \quad \cdots\text{(答)}$$

> $(n+1)!$
> $=(n+1)n(n-1)\cdots 3\cdot 2\cdot 1$
> $=(n+1)n!$
> と変形します．

> $a_n=n\cdot n!$ は $n=1$ のときには成り立ちません．
> $1\cdot 1!=1$ だからです．

(2) $\underbrace{x_1+2x_2+\cdots+(n-1)x_{n-1}+nx_n}_{(n\text{ 個の和})}=n\cdot 2^n \quad \cdots ①$

$n\geqq 2$ のとき，①の n を $n-1$ に書き換えて
$$\underbrace{x_1+2x_2+\cdots+(n-1)x_{n-1}}_{(n-1\text{ 個の和})}=(n-1)2^{n-1} \quad \cdots ②$$

> ①の左辺の和の個数を1つ減らして，②を作ります．

①−②を作ると
$$nx_n=n\cdot 2^n-(n-1)2^{n-1}=(n+1)2^{n-1}$$
$$\therefore\ x_n=\frac{n+1}{n}\cdot 2^{n-1} \quad (n=2,\ 3,\ 4,\ \cdots)$$

> $n\cdot 2^n=2n\cdot 2^{n-1}$ と変形します．

①に $n=1$ を代入すると $x_1=1\cdot 2^1=2$．したがって
$$x_n=\frac{n+1}{n}\cdot 2^{n-1} \quad (n=1,\ 2,\ 3,\ \cdots) \quad \cdots\text{(答)}$$

> $n=1$ のとき
> $$\frac{n+1}{n}\cdot 2^{n-1}=2$$
> となり，x_1 に一致します．

練習11 すべての自然数 n について次の条件を満たす数列 $\{a_n\}$, $\{x_n\}$ の一般項を求めよ．

(1) $\displaystyle\sum_{k=1}^{n}a_k=n^2+2n$

(2) $\dfrac{1}{x_1}+\dfrac{1}{x_2}+\dfrac{1}{x_3}+\cdots+\dfrac{1}{x_n}=n^2+1$

例題12

(1) 次の数列 $\{x_n\}$ の階差数列は等差数列である．x_n を n で表せ．
$$\{x_n\}: 2,\ 3,\ 6,\ 11,\ 18,\ 27,\ \cdots$$

(2) $a_1=3,\ a_2=4,\ a_4=10$ である数列 $\{a_n\}$ の階差数列は公比が r の等比数列である．r のとり得る値を求めよ．

また，$r<0$ の場合について，a_n を n で表せ．

考え方 数列 $\{a_n\}$ の階差数列を $\{b_n\}$ とすると $b_n=a_{n+1}-a_n$ $(n=1,\ 2,\ 3,\ \cdots)$ であることから，次の式が成り立ちます．

$$a_n - a_1 = b_1 + b_2 + b_3 + \cdots + b_{n-1} \quad (n=2,\ 3,\ 4,\ \cdots)$$

（図は b_n がすべて正の場合です．）

【解答】

(1) $\{x_n\}: 2,\ 3,\ 6,\ 11,\ 18,\ 27,\ \cdots$

その階差数列： $1,\ 3,\ 5,\ 7,\ 9,\ \cdots$

数列 $\{x_n\}$ の階差数列が等差数列であることは認めてよい．上のように，等差数列の初項は 1，公差は 2 であることがわかる．$n \geq 2$ であれば，階差数列の初項から第 $n-1$ 項までの和は

$$\frac{(n-1)\{2 \cdot 1 + 2(n-2)\}}{2} = (n-1)^2$$

となるので

$$x_n = x_1 + (n-1)^2 \quad (n=2,\ 3,\ 4,\ \cdots)$$

これは $n=1$ のとき $x_1 = x_1$ となり成り立つ．

$x_1 = 2$ を代入し

$$x_n = n^2 - 2n + 3 \quad (n=1,\ 2,\ 3,\ \cdots) \quad \cdots \text{(答)}$$

(2) 数列 $\{a_n\}$ の階差数列は等比数列であるので，その初項を b，公比を r とおくと，階差数列の第 n 項 b_n

> 初項が a，公差が d の等差数列の初項から第 n 項までの和は
> $$\frac{n\{2a+(n-1)d\}}{2}$$
> でした．ここでは第 $n-1$ 項までの和なので，n を $n-1$ に書き換えます．

> $n \geq 2$ のとき
> $$x_n = x_1 + \begin{pmatrix} \text{階差数列の第} \\ n-1 \text{項までの和} \end{pmatrix}$$
> となります．

は
$$b_n = br^{n-1} \quad (n=1, 2, 3, \cdots)$$
と表される．$a_{n+1} - a_n = b_n \ (n=1, 2, 3, \cdots)$ であるので

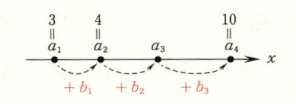

$$\begin{cases} a_2 - a_1 = b_1 \\ a_4 - a_1 = b_1 + b_2 + b_3 \end{cases}$$

が成り立つ．したがって

$$\begin{cases} 1 = b \\ 7 = b + br + br^2 \end{cases} \therefore \begin{cases} b = 1 \\ r^2 + r - 6 = 0 \end{cases}$$

$(r+3)(r-2) = 0$ が導かれるので

$$r = -3, \ 2 \quad \cdots \text{(答)}$$

$r < 0$ の場合 $r = -3$

$n \geq 2$ であれば，初項が $b=1$，公比が $r=-3$ の等比数列の初項から第 $n-1$ 項までの和は

$$\frac{b(1-r^{n-1})}{1-r} = \frac{1-(-3)^{n-1}}{1-(-3)} = \frac{1-(-3)^{n-1}}{4}$$

となる．したがって

$$a_n = a_1 + \frac{1-(-3)^{n-1}}{4} \quad (n \geq 2)$$

$n=1$ のとき，この等式は $a_1 = a_1$ となり成り立つ．
$a_1 = 3$ を代入し

$$a_n = \frac{13-(-3)^{n-1}}{4} \quad (n=1, 2, 3, \cdots) \cdots \text{(答)}$$

> 初項が b，公比が $r \ (\neq 1)$ の等比数列の初項から第 n 項までの和は
> $$\frac{b(1-r^n)}{1-r}$$
> でした．ここでは第 $n-1$ 項までの和なので，n を $n-1$ に書き換えます．

練習 12

(1) 次の数列 $\{x_n\}$ の階差数列は等比数列である．x_n を n で表せ．

$$\{x_n\} : 5, \ 7, \ 3, \ 11, \ -5, \ \cdots$$

(2) $a_1 = 2$, $a_3 = 3$, $a_5 = 24$ である数列 $\{a_n\}$ の階差数列は等差数列である．a_n を n で表せ．

第3節 漸化式・数学的帰納法

❶ 漸化式に応じてそれを満たす数列の一般項を求めるには次のようにする.

(1)
> $a_{n+1} = pa_n + q \ (p \neq 1)$
> $a_{n+1} - \alpha = p(a_n - \alpha)$
> と変形し，数列 $\{a_n - \alpha\}$ が等比数列であることを利用する．α は方程式 $x = px + q$ の解である．

(2) $a_{n+1} = a_n + (n \text{ の式})$

　　$a_{n+1} - a_n = (n \text{ の式})$ と変形し，数列 $\{a_n\}$ の階差数列に注目する．

(3) $a_{n+1} = pa_n + q \cdot r^n$

　　両辺を r^{n+1} で割り $x_n = \dfrac{a_n}{r^n}$ $(n = 1, 2, 3, \cdots)$ とおく．

(4) $a_{n+1} = pa_n + (n \text{ の1次式}) \ (p \neq 1)$

　(ア) n を $n+1$ に書き換えて辺々引き，数列 $\{a_n\}$ の階差数列に注目する．

　(イ) $x_n = a_n + (n \text{ の1次式}) \ (n = 1, 2, 3, \cdots)$ とおいて得られる数列 $\{x_n\}$ が簡単な漸化式を満たすような "n の1次式" を選ぶ．

(5) 数列 $\{a_n\}$ の初項から第 n 項までの和を S_n とする．a_n と S_n を含む式から一般項を求めるには，a_n か S_n の一方を次の関係に注目して消去するとよい．

　　　　$S_1 = a_1 \qquad S_{n+1} - S_n = a_{n+1} \ (n = 1, 2, 3, \cdots)$

(6)
> $a_{n+2} + pa_{n+1} + qa_n = 0$
> $a_{n+2} - \alpha a_{n+1} = \beta(a_{n+1} - \alpha a_n)$
> と変形し，数列 $\{a_{n+1} - \alpha a_n\}$ が等比数列であることを利用する．α, β は $x^2 + px + q = 0$ の2解である．

❷ 自然数 n を含むあることがら (*) を考える．

　　(ア) $n = 1$ のとき (*) は成り立つ．

　　(イ) $n = k$ のとき (*) が成り立てば $n = k+1$ において (*) は成り立つ．

この (ア), (イ) がともに成り立てば，(*) はすべての自然数 n に対して成り立つ．このような証明の方法を数学的帰納法という．

まずここを理解しよう

$$\begin{cases} a_1 = 5 \\ a_{n+1} = 3a_n - 4 \quad (n=1, 2, 3, \cdots) \end{cases} \cdots ①$$

を満たす数列 $\{a_n\}$ について考えます.

① で $n=1$ として　$a_2 = 3a_1 - 4 = 11$

① で $n=2$ として　$a_3 = 3a_2 - 4 = 29$

　　　　　　　　　$\cdots$

n	1	2	3	4	5	$\cdots$
a_n	5	11	29	83	245	$\cdots$
$a_n - 2$	3	9	27	81	243	$\cdots$

　　　　　　　　　　　　×3　×3　×3　×3

このような方法で a_4, a_5 を求め，ついでに a_1-2, a_2-2, $\cdots$, a_5-2 の値を求めて右上の表にまとめてみました．このようにしてできる数列 $\{a_n-2\}$ なら n 番目の項は簡単にわかりそうです．そこで

(1) 数列 $\{a_n-2\}$ が等比数列であることはどう証明するか

(2) なぜ数列 $\{a_n\}$ の項から2を引くのか

(3) 数列 $\{a_n\}$ の一般項を求める解答はどうまとめるか

の3つの点について説明します．

(1) **数列 $\{a_n-2\}$ が等比数列であることの証明**

これは簡単です．① の両辺から2を引くと

$$a_{n+1} - 2 = 3(a_n - 2) \quad \cdots ②$$

これがすべての自然数 n に対し成り立つので，数列 $\{a_n-2\}$ は公比2の等比数列です．

n	1	2	$\cdots$	n	$n+1$	$\cdots$
a_n	5	11	$\cdots$	a_n	a_{n+1}	
$a_n - 2$	3	9	$\cdots$	$a_n - 2$	$a_{n+1} - 2$	$\cdots$

　　　　　　×3　　　　　×3

(2) **なぜ数列 $\{a_n\}$ の項から2を引くのか**

② の式で用いた2という値は，一般には問題文には書いてありません．自分で求めなくてはなりません．そこで，② の中の2か所の2を α に置き換えた

$$a_{n+1} - \alpha = 3(a_n - \alpha) \quad \cdots ③$$

を用意して，① を変形して ③ が導けたと考えてみましょう．

このとき ③ と ① は同じですから，③ を整理した

$$a_{n+1} = 3a_n - 2\alpha$$

第3節　漸化式・数学的帰納法

は ① と一致するはずです．これと ① を比較するか，これに ① を代入して
$$-2\alpha = -4 \qquad \therefore \quad \alpha = 2$$

つまり数列 $\{a_n\}$ の項から 2 を引いて新しい数列 $\{a_n - 2\}$ を作ると，それは公比が 3 の等比数列となります．

(3) 一般項を求める解答

(2)のように，① を変形して ③ が導けたとして $\alpha = 2$ を導くのが応用の効く考え方ですが，$a_{n+1} = pa_n + q$ の形の漸化式に限っては，次の方法も有効です．

$$a_{n+1} = 3a_n - 4 \qquad \cdots ①$$

の a_n と a_{n+1} を形式的に α に置き換えて

$$\alpha = 3\alpha - 4 \qquad \cdots ④$$

を作ります．① − ④ を作ると

$$a_{n+1} - \alpha = 3(a_n - \alpha) \qquad \cdots ③$$

$$\begin{aligned} a_{n+1} &= pa_n + q \\ -)\quad \alpha &= p\alpha + q \qquad \cdots (*) \\ \hline a_{n+1} - \alpha &= p(a_n - \alpha) \end{aligned}$$

α の値は (*) から求める．

となります．一方，④ を解くと $\alpha = 2$

これを ③ に代入して

$$a_{n+1} - 2 = 3(a_n - 2) \qquad \cdots ②$$

(2)の方法か上に述べた方法で ② を導くまでを計算用紙に行って，【解答】は次のように書くとよいでしょう．

問題　$a_1 = 5$, $a_{n+1} = 3a_n - 4$ $(n = 1, 2, 3, \cdots)$ を満たす数列 $\{a_n\}$ の一般項を求めよ．

【解答】 与えられた漸化式から
$$a_{n+1} - 2 = 3(a_n - 2) \qquad (n = 1, 2, 3, \cdots)$$
したがって，数列 $\{a_n - 2\}$ は公比が 3 の等比数列であり
$$a_n - 2 = 3^{n-1}(a_1 - 2) = 3^{n-1}(5 - 2) = 3^n$$
$$\therefore \quad a_n = 3^n + 2 \quad (n = 1, 2, 3, \cdots) \qquad \cdots \text{(答)}$$

(注) ～～～ は文章で書いておくようにしましょう．

例題13

(1) $a_1=5$, $a_{n+1}=3a_n-8$ （$n=1, 2, 3, \cdots$）を満たす数列 $\{a_n\}$ がある．数列 $\{a_n-4\}$ は等比数列であることを示せ．さらに a_n を n で表せ．

(2) 数列 $\{x_n\}$ は漸化式 $x_{n+1}=4x_n-6$ （$n=1, 2, 3, \cdots$）を満たしている．この漸化式が $x_{n+1}-\alpha=4(x_n-\alpha)$ と変形されるような定数 α を1つ求めよ．さらに $x_1=3$ であるとき，x_n を n で表せ．

【解答】

(1) $a_{n+1}=3a_n-8$ の両辺から 4 を引くと
$$a_{n+1}-4=3(a_n-4)$$
これがすべての自然数 n に対して成り立つので，数列 $\{a_n-4\}$ は公比が 3 の等比数列であり，
$$a_n-4=3^{n-1}(a_1-4)=3^{n-1}$$
$\therefore\ a_n=4+3^{n-1}$ （$n=1, 2, 3, \cdots$） …（答）

n	1	2	3	4	5
a_n	5	7	13	31	85
a_n-4	1	3	9	27	81

(2) すべての自然数 n に対して　$x_{n+1}=4x_n-6$　…①

この漸化式を変形して
$$x_{n+1}-\alpha=4(x_n-\alpha) \quad \cdots ②$$
が導けたとする．②を整理して　$x_{n+1}=4x_n-3\alpha$

これと①を比較すると
$$-3\alpha=-6 \quad \therefore\ \alpha=2 \quad \cdots（答）$$

したがって，②は
$$x_{n+1}-2=4(x_n-2) \quad (n=1, 2, 3, \cdots)$$
数列 $\{x_n-2\}$ は公比が 4 の等比数列で
$$x_n-2=4^{n-1}(x_1-2)=4^{n-1}$$
$\therefore\ x_n=2+4^{n-1}$ （$n=1, 2, 3, \cdots$） …（答）

> $x_{n+1}=4x_n-6$ …①
> に対して等式
> $\alpha=4\alpha-6$ …③
> を考えるのも1つの方法です．①−③は②に同じです．一方，α の値は③から
> $\alpha=2$
> とわかります．

n	1	2	3	4	5
x_n	3	6	18	66	258
x_n-2	1	4	16	64	256

練習13

$x_1=4$, $x_{n+1}=-2x_n+3$ （$n=1, 2, 3, \cdots$）を満たす数列 $\{x_n\}$ がある．$x_{n+1}-\alpha=-2(x_n-\alpha)$ （$n=1, 2, 3, \cdots$）を満たす α を求め，x_n を n で表せ．

第3節　漸化式・数学的帰納法

例題14

次の数列の一般項を求めよ．

(1) $a_1=-1$, $a_{n+1}=3a_n+4$ （$n=1, 2, 3, \cdots$）を満たす数列 $\{a_n\}$

(2) $x_1=0$, $x_{n+1}=x_n+n^2$ （$n=1, 2, 3, \cdots$）を満たす数列 $\{x_n\}$

考え方 (1)では漸化式を $a_{n+1}-\alpha=3(a_n-\alpha)$ と変形することを考えます．これを整理した $a_{n+1}=3a_n-2\alpha$ と元の漸化式を比べて，$-2\alpha=4$ つまり $\alpha=-2$ とわかります．

(2)では数列 $\{x_n\}$ の階差数列に注目します．

【解答】

(1)　　　　$a_{n+1}+2=3(a_n+2)$ 　（$n=1, 2, 3, \cdots$）

となるので，数列 $\{a_n+2\}$ は公比が3の等比数列で

$$a_n+2=3^{n-1}(a_1+2)=3^{n-1}$$

∴　$a_n=3^{n-1}-2$ 　（$n=1, 2, 3, \cdots$）　　…（答）

> $a_{n+1}=3a_n+4$ 　…①
> に対して
> 　$\alpha=3\alpha+4$ 　…②
> を満たす α を考え，①−②を作ってもよいです．②から $\alpha=-2$ とわかります．

n	1	2	3	4	5
a_n	-1	1	7	25	79
a_n+2	1	3	9	27	81

(2) $x_{n+1}-x_n=n^2$ 　（$n=1, 2, 3, \cdots$）が成り立つので，数列 $\{x_n\}$ の階差数列の第 n 項は n^2 である．

$n \geqq 2$ のとき，階差数列の初項から第 $n-1$ 項までの和は

$$\sum_{k=1}^{n-1} k^2 = \frac{(n-1)n(2n-1)}{6}$$

したがって

$$x_n = x_1 + \frac{(n-1)n(2n-1)}{6} \quad (n \geqq 2)$$

$n=1$ のときこの等式は $x_1=x_1$ となり成り立つ．

$x_1=0$ を代入し

$$x_n = \frac{(n-1)n(2n-1)}{6} \quad \cdots（答）$$

$$(n=1, 2, 3, \cdots)$$

> $x_{k+1}-x_k=k^2$
> が成り立つので，$n \geqq 2$ のとき $k=1, 2, \cdots, n-1$ を代入した式は次のようになります．
> $$\begin{cases} x_2-x_1 = 1^2 \\ x_3-x_2 = 2^2 \\ \quad \vdots \\ x_n-x_{n-1}=(n-1)^2 \end{cases}$$
> これらを加えて
> $$x_n-x_1=\frac{(n-1)n(2n-1)}{6}$$
> を導くこともできます．

練習14

(1) $a_1=-1$, $a_{n+1}=2a_n+3$ （$n=1, 2, 3, \cdots$）を満たす数列 $\{a_n\}$ の一般項を求めよ．

(2) $x_1=-4$, $x_{n+1}=x_n+2n-1$ （$n=1, 2, 3, \cdots$）を満たす数列 $\{x_n\}$ の一般項を求めよ．

例題15

$a_1=1$, $a_{n+1}=3a_n+2^n$ $(n=1, 2, 3, \cdots)$ を満たす数列 $\{a_n\}$ について, a_n を n で表せ.

考え方 漸化式の 2^n の部分が定数であれば例題14(1)の手法が使えます. そこで, 漸化式の両辺を 2^n あるいは 2^{n+1} で割って, $x_n=\dfrac{a_n}{2^n}$ などと置き換えます.

【解答】

漸化式の両辺を 2^{n+1} で割ると $\quad \dfrac{a_{n+1}}{2^{n+1}}=\dfrac{3}{2}\cdot\dfrac{a_n}{2^n}+\dfrac{1}{2}$

$\begin{cases} x_{n+1}=\dfrac{a_{n+1}}{2^{n+1}} \\ x_1=\dfrac{a_1}{2} \end{cases}$

なども含んでいます.

ここで $x_n=\dfrac{a_n}{2^n}$ $(n=1, 2, 3, \cdots)$ とおくと

$$x_{n+1}=\dfrac{3}{2}x_n+\dfrac{1}{2}$$

$\alpha=\dfrac{3}{2}\alpha+\dfrac{1}{2}$ を満たす α を用いて

$$x_{n+1}-\alpha=\dfrac{3}{2}(x_n-\alpha)$$

と変形します. α の値は -1 とわかります.

$\therefore \quad x_{n+1}+1=\dfrac{3}{2}(x_n+1)$ $(n=1, 2, 3, \cdots)$

したがって, 数列 $\{x_n+1\}$ は公比が $\dfrac{3}{2}$ の等比数列で

$$x_n+1=\left(\dfrac{3}{2}\right)^{n-1}(x_1+1) \quad (n=1, 2, 3, \cdots)$$

$x_1=\dfrac{a_1}{2}=\dfrac{1}{2}$ であるから $x_n=\left(\dfrac{3}{2}\right)^n-1$ となって

$$a_n=2^n x_n=3^n-2^n \quad (n=1, 2, 3, \cdots) \quad \cdots(答)$$

$2^n x_n = 2^n\left\{\left(\dfrac{3}{2}\right)^n-1\right\}$
$= \left(2\cdot\dfrac{3}{2}\right)^n - 2^n$

となります.

《参考》

漸化式の両辺を 3^{n+1} で割ると $\dfrac{a_{n+1}}{3^{n+1}}=\dfrac{a_n}{3^n}+\dfrac{1}{3}\left(\dfrac{2}{3}\right)^n$

そこで, 数列 $\left\{\dfrac{a_n}{3^n}\right\}$ の階差数列に注目するのも有効です.

練習15

$a_1=1$, $a_{n+1}=4a_n+3^n$ $(n=1, 2, 3, \cdots)$ を満たす数列 $\{a_n\}$ の一般項を求めよ.

例題16

$a_1 = -1$, $a_{n+1} = 2a_n + n + 1$ ($n=1, 2, 3, \cdots$) を満たす数列 $\{a_n\}$ の一般項を求めよ.

考え方 漸化式と，その n を $n+1$ に書き換えた式を並べて辺々引くと，階差数列についての漸化式ができます．また，$a_n +$ (n の1次式) を x_n と置き換えることも有効です．

【解答】

与えられた漸化式から

$$\begin{cases} a_{n+2} = 2a_{n+1} + (n+1) + 1 \\ a_{n+1} = 2a_n \quad + n \quad + 1 \end{cases}$$

← 下段の等式の n を $n+1$ に書き直した式が上段です．

辺々引き $b_n = a_{n+1} - a_n$ ($n=1, 2, 3, \cdots$) とおくと

← $a_{n+2} - a_{n+1} = b_{n+1}$ です．

$$b_{n+1} = 2b_n + 1$$

← $\alpha = 2\alpha + 1$ を満たす α を用いて
$$b_{n+1} - \alpha = 2(b_n - \alpha)$$
と変形します．α の値は -1 です．

$\therefore \quad b_{n+1} + 1 = 2(b_n + 1)$ ($n=1, 2, 3, \cdots$)

したがって，数列 $\{b_n + 1\}$ は公比が2の等比数列で

$$b_n + 1 = 2^{n-1}(b_1 + 1) \quad (n=1, 2, 3, \cdots) \quad \cdots ①$$

一方，元の漸化式で $n=1$ として $a_2 = 2a_1 + 1 + 1 = 0$

したがって，$b_1 = a_2 - a_1 = 1$ となり，① から

$$b_n = 2^n - 1 \quad (n=1, 2, 3, \cdots)$$

この b_n を $a_{n+1} - a_n$ に戻して，元の漸化式と並べると

$$\begin{cases} a_{n+1} - a_n = 2^n - 1 \\ a_{n+1} - 2a_n = n + 1 \end{cases} \quad (n=1, 2, 3, \cdots)$$

← a_n と a_{n+1} の連立方程式だと考えるとよいでしょう．

辺々引いて a_{n+1} を消去すると

$$a_n = 2^n - n - 2 \quad (n=1, 2, 3, \cdots) \quad \cdots \text{(答)}$$

【別解1】

$a_{n+1} = 2a_n + n + 1$ ($n=1, 2, 3, \cdots$) を変形して

$$a_{n+1} + p(n+1) + q = 2(a_n + pn + q) \quad \cdots ②$$

← 数列 $\{a_n + pn + q\}$ が等比数列となるような，p, q の値を求めます．

が導けたとする．ただし，p, q は定数．② を整理して

$$a_{n+1} = 2a_n + pn - p + q$$

これと元の漸化式を比較することにより，
$$pn+(-p+q)=n+1$$
が n に関する恒等式となる．したがって

$$\begin{cases} p=1 \\ -p+q=1 \end{cases} \quad \therefore \quad \begin{cases} p=1 \\ q=2 \end{cases}$$

よって，②は $a_{n+1}+(n+1)+2=2(a_n+n+2)$

これがすべての自然数 n に対して成り立つので，数列 $\{a_n+n+2\}$ は公比が 2 の等比数列となり，
$$a_n+n+2=2^{n-1}(a_1+1+2)=2^n$$
$$\therefore \quad a_n=2^n-n-2 \quad (n=1,\ 2,\ 3,\ \cdots) \quad \cdots\text{(答)}$$

n	a_n	a_n+n+2
1	-1	$a_1+3=2$
2	0	$a_2+4=4$
3	3	$a_3+5=8$
4	10	$a_4+6=16$
5	25	$a_5+7=32$
6	56	$a_6+8=64$

【別解 2】

$a_{n+1}=2a_n+n+1 \quad (n=1,\ 2,\ 3,\ \cdots)$ から
$$a_{n+1}+n+1=2(a_n+n+1) \quad \cdots ③$$
が導かれる．そこで
$$x_n=a_n+n+1 \quad (n=1,\ 2,\ 3,\ \cdots)$$
とおく．$x_{n+1}=a_{n+1}+(n+1)+1$ であるので③は
$$x_{n+1}-1=2x_n$$
$$\therefore \quad x_{n+1}+1=2(x_n+1) \quad (n=1,\ 2,\ 3,\ \cdots)$$
数列 $\{x_n+1\}$ は公比が 2 の等比数列となって
$$x_n+1=2^{n-1}(x_1+1) \quad (n=1,\ 2,\ 3,\ \cdots)$$
$x_1=a_1+1+1=1$ であるので
$$x_n=2\cdot 2^{n-1}-1=2^n-1 \quad (n=1,\ 2,\ 3,\ \cdots)$$
以上により，すべての自然数 n に対して
$$a_n=x_n-n-1=2^n-n-2 \quad \cdots\text{(答)}$$

> ③の左辺を書き直す方法に注意してください．
> $$a_{n+1}+n+1=x_{n+1}-1$$
> となります．

> $\alpha-1=2\alpha$ を満たす α を用いて
> $$x_{n+1}-\alpha=2(x_n-\alpha)$$
> を導きます．α の値は -1 です．

練習 16　$a_1=0$ であり，すべての自然数 n に対して $a_{n+1}=3a_n+4n$ を満たす数列 $\{a_n\}$ の一般項を求めよ．

例題17

数列 $\{a_n\}$ の初項から第 n 項までの和を S_n とする．すべての自然数 n に対して次の条件 $(*)$ が成り立つとき，a_n を n で表せ．

$$条件(*): S_n = 2a_n - 2^n$$

考え方 1つの等式に S_n と a_n が混在しているので，どちらか一方を消去するとよいでしょう．本問では次の関係を利用して S_n を消去します．

$$S_1 = a_1, \quad S_{n+1} - S_n = a_{n+1} \quad (n=1, 2, 3, \cdots)$$

【解答】

条件 $(*)$ から

$$\begin{cases} S_{n+1} = 2a_{n+1} - 2^{n+1} \\ S_n = 2a_n - 2^n \end{cases}$$

が成り立つ．辺々引いて $S_{n+1} - S_n = a_{n+1}$ を用いると

$$a_{n+1} = 2a_{n+1} - 2a_n - 2^n$$

$$\therefore \quad a_{n+1} = 2a_n + 2^n$$

両辺を 2^{n+1} で割ると

$$\frac{a_{n+1}}{2^{n+1}} = \frac{a_n}{2^n} + \frac{1}{2} \quad (n=1, 2, 3, \cdots)$$

したがって，数列 $\left\{\dfrac{a_n}{2^n}\right\}$ は公差が $\dfrac{1}{2}$ の等差数列で

$$\frac{a_n}{2^n} = \frac{a_1}{2} + \frac{1}{2}(n-1) \quad (n=1, 2, 3, \cdots) \quad \cdots ①$$

一方，$(*)$ に $n=1$ を代入し $S_1 = a_1$ を用いると

$$a_1 = 2a_1 - 2 \quad \therefore \quad a_1 = 2$$

この値を①に代入し $\dfrac{a_n}{2^n} = \dfrac{1}{2}(n+1)$ となって

$$a_n = (n+1)2^{n-1} \quad (n=1, 2, 3, \cdots) \quad \cdots(答)$$

> $(*)$ の n を $n+1$ に書き換えたものが上段です．

> $-2^{n+1} - (-2^n)$
> $= -2 \cdot 2^n + 2^n$
> $= (-2+1)2^n = -2^n$
> となります．

> $x_n = \dfrac{a_n}{2^n} \quad (n=1, 2, \cdots)$
> とおくと
> $x_{n+1} = x_n + \dfrac{1}{2}$
> $\left(x_{n+1} - x_n = \dfrac{1}{2}\right)$
> となり，数列 $\{x_n\}$ は等差数列で
> $x_n = x_1 + \dfrac{1}{2}(n-1)$
> となります．

練習17

数列 $\{a_n\}$ の初項から第 n 項までの和を S_n とする．
$S_n = 2a_n + n \quad (n=1, 2, 3, \cdots)$ であるとき，数列 $\{a_n\}$ の一般項を求めよ．

例題18

漸化式 $a_{n+2}-3a_{n+1}+2a_n=0$ $(n=1, 2, 3, \cdots)$ を満たす数列 $\{a_n\}$ がある. この漸化式を次の(*)のように変形できるような組 (α, β) を2つ求めよ.

(*)　$a_{n+2}-\alpha a_{n+1}=\beta(a_{n+1}-\alpha a_n)$ $(n=1, 2, 3, \cdots)$

さらに $a_1=1$, $a_2=3$ であるとき, a_n を n を用いて表せ.

考え方　(*)を整理して元の漸化式と比較すると, $\alpha+\beta$ と $\alpha\beta$ の値がわかるので, 右の定理を用いて α, β を決定します. (*)が成り立てば, 数列 $\{a_{n+1}-\alpha a_n\}$ は公比が β の等比数列です.

> $\alpha+\beta=p$, $\alpha\beta=q$ を満たす α, β は, 2次方程式 $x^2-px+q=0$ の2解である.

【解答】

(*)を整理すると　$a_{n+2}-(\alpha+\beta)a_{n+1}+\alpha\beta a_n=0$

これが $a_{n+2}-3a_{n+1}+2a_n=0$ と一致するとして

$$\alpha+\beta=3, \quad \alpha\beta=2$$

したがって, α, β は2次方程式 $x^2-3x+2=0$ の2解となる. $x=1, 2$ を得るので

$$(\alpha, \beta)=(1, 2), (2, 1) \quad \cdots (答)$$

したがって, (*)は

$$\begin{cases} a_{n+2}-\ a_{n+1}=2(a_{n+1}-a_n) \\ a_{n+2}-2a_{n+1}=a_{n+1}-2a_n \end{cases} (n=1, 2, 3, \cdots)$$

となり, 数列 $\{a_{n+1}-a_n\}$ は公比が2の等比数列で, 数列 $\{a_{n+1}-2a_n\}$ の隣り合う2項の値は等しい. よって

$$\begin{cases} a_{n+1}-\ a_n=2^{n-1}(a_2-a_1)=2^n \\ a_{n+1}-2a_n=a_2-2a_1=1 \end{cases}$$

$$\therefore \ a_n=2^n-1 \quad (n=1, 2, 3, \cdots) \quad \cdots (答)$$

> $\begin{cases} a_{n+2}-3a_{n+1}+2a_n=0 \\ x^2-3x+2=0 \end{cases}$
> の係数の並びは同じです.
> 一般に $a_{n+2}+pa_{n+1}+qa_n=0$ に対して, 2次方程式
> $$x^2+px+q=0$$
> の2解を α, β とすると
> $$a_{n+2}-\alpha a_{n+1}=\beta(a_{n+1}-\alpha a_n)$$
> を導くことができます.

> $\{a_n\}$　　　: 1, 3, 7, 15, 31,
> $\{a_{n+1}-a_n\}$: 2, 4, 8, 16,
> $\{a_{n+1}-2a_n\}$: 1, 1, 1, 1,

> a_{n+1} と a_n の連立方程式と考えて a_{n+1} を消去します.

練習 18　$a_1=1$, $a_2=-2$, $a_{n+2}+2a_{n+1}-3a_n=0$ $(n=1, 2, 3, \cdots)$ を満たす数列 $\{a_n\}$ がある. 漸化式を $a_{n+2}-\alpha a_{n+1}=\beta(a_{n+1}-\alpha a_n)$ と変形することにより, 数列 $\{a_n\}$ の一般項を求めよ.

第3節　漸化式・数学的帰納法

例題19

(1) $a_1=1$, $a_2=5$ である数列 $\{a_n\}$ が
$$a_{n+2}=5a_{n+1}-6a_n \quad (n=1,\ 2,\ 3,\ \cdots)$$
を満たしている．数列 $\{a_n\}$ の一般項を求めよ．

(2) $x_1=x_2=1$ である数列 $\{x_n\}$ が
$$x_{n+2}=x_{n+1}-\frac{1}{4}x_n \quad (n=1,\ 2,\ 3,\ \cdots)$$
を満たしている．数列 $\{x_n\}$ の一般項を求めよ．

考え方 数列 $\{a_{n+1}-\alpha a_n\}$ が公比 β の等比数列となるような定数 α, β を探します．これが等比数列となるのは

$$(*)\quad a_{n+2}-\alpha a_{n+1}=\beta(a_{n+1}-\alpha a_n) \quad (n=1,\ 2,\ 3,\ \cdots)$$

である場合なので，漸化式 $a_{n+2}+pa_{n+1}+qa_n=0$ を $(*)$ の形に直すことを考えます．$(*)$ を整理すると

$$a_{n+2}-(\alpha+\beta)a_{n+1}+\alpha\beta a_n=0$$

となるので，漸化式と比較して $\alpha+\beta=-p$, $\alpha\beta=q$ が成り立つとします．

前ページの公式を用いると，α と β は2次方程式 $x^2+px+q=0$ の2解となります．漸化式と2次方程式の係数の並びが同じである点に注意してください．

(1), (2) ともに漸化式に対応する2次方程式を作って，$(*)$ に相当する式を作ります．なお，(2) では $\alpha=\beta$ となります．

【解答】

(1) 与えられた漸化式から

$$\begin{cases} a_{n+2}-2a_{n+1}=3(a_{n+1}-2a_n) \\ a_{n+2}-3a_{n+1}=2(a_{n+1}-3a_n) \end{cases} \quad (n=1,\ 2,\ 3,\ \cdots)$$

したがって，数列 $\{a_{n+1}-2a_n\}$ は公比が3の等比数列，数列 $\{a_{n+1}-3a_n\}$ は公比が2の等比数列となり

$$\begin{cases} a_{n+1}-2a_n=3^{n-1}(a_2-2a_1)=3^n \\ a_{n+1}-3a_n=2^{n-1}(a_2-3a_1)=2^n \end{cases} \quad (n=1,\ 2,\ 3,\ \cdots)$$

辺々引いて a_{n+1} を消去すると

$$a_n=3^n-2^n \quad (n=1,\ 2,\ 3,\ \cdots) \quad \cdots\text{(答)}$$

> $a_{n+2}-5a_{n+1}+6a_n=0$ に対して，2次方程式
> $$x^2-5x+6=0$$
> の2解 α, β を用いて
> $$a_{n+2}-\alpha a_{n+1}=\beta(a_{n+1}-\alpha a_n)$$
> を導きます．2次方程式から
> $$(\alpha,\ \beta)=(2,\ 3),\ (3,\ 2)$$
> とわかります．

《参考》

$\{a_n\}$ ：1, 5, 19, 65, 211, 665, …

$\{a_{n+1}-2a_n\}$：3, 9, 27, 81, 243, …

$\{a_{n+1}-3a_n\}$：2, 4, 8, 16, 32, …

(2) 与えられた漸化式から

$$x_{n+2}-\frac{1}{2}x_{n+1}=\frac{1}{2}\left(x_{n+1}-\frac{1}{2}x_n\right) \quad (n=1,\ 2,\ 3,\ \cdots)$$

したがって，数列 $\left\{x_{n+1}-\frac{1}{2}x_n\right\}$ は公比が $\frac{1}{2}$ の等比数列となり

$$x_{n+1}-\frac{1}{2}x_n=\left(\frac{1}{2}\right)^{n-1}\left(x_2-\frac{1}{2}x_1\right)$$

$x_1=x_2=1$ であるので

$$x_{n+1}-\frac{1}{2}x_n=\left(\frac{1}{2}\right)^n \quad (n=1,\ 2,\ 3,\ \cdots)$$

両辺に 2^{n+1} を掛けて

$$2^{n+1}x_{n+1}-2^n x_n=2 \quad (\text{一定})$$

これがすべての自然数 n に対して成り立つので，数列 $\{2^n x_n\}$ は公差が 2 の等差数列である．

したがって

$$2^n x_n=2^1 x_1+2(n-1)=2n$$

$$\therefore\ x_n=\frac{n}{2^{n-1}} \quad (n=1,\ 2,\ 3,\ \cdots) \quad \cdots(\text{答})$$

> $x_{n+2}-x_{n+1}+\frac{1}{4}x_n=0$ に対して，2次方程式
> $$t^2-t+\frac{1}{4}=0$$
> の解 $\alpha,\ \beta$ を用いて
> $$x_{n+2}-\alpha x_{n+1}=\beta(x_{n+1}-\alpha x_n)$$
> を導きます．2次方程式は $\frac{1}{2}$ を重解にもつので
> $$\alpha=\beta=\frac{1}{2}$$
> となります．

> 一般に $a_{n+1}=pa_n+q\cdot r^n$ の型の漸化式では，両辺を r^{n+1} で割るのが有効です．この場合
> 「両辺を $\left(\frac{1}{2}\right)^{n+1}$ で割る」
> つまり両辺に 2^{n+1} を掛けるのがよいでしょう．

練習 19

(1) $a_1=a_2=3,\ a_{n+2}=a_{n+1}+2a_n\ (n=1,\ 2,\ 3,\ \cdots)$ を満たす数列 $\{a_n\}$ がある．n を用いて a_n を表せ．

(2) $x_1=1,\ x_2=4,\ x_{n+2}=6x_{n+1}-9x_n\ (n=1,\ 2,\ 3,\ \cdots)$ を満たす数列 $\{x_n\}$ がある．n を用いて x_n を表せ．

例題20

(1) $a_1=1$, $a_{m+1}=3a_m+2m-1$ ($m=1, 2, 3, \cdots$) を満たす数列 $\{a_m\}$ と自然数 n について，次の (*) が成り立つことを数学的帰納法により示せ．

$$\text{「}a_{2n-1} \text{ は奇数であり，} a_{2n} \text{ は偶数である」} \quad \cdots (*)$$

(2) 自然数 n について，次の (**) が成り立つことを数学的帰納法により示せ．

$$\frac{1}{1}-\frac{1}{2}+\frac{1}{3}-\frac{1}{4}+\cdots+\frac{1}{2n-1}-\frac{1}{2n}=\frac{1}{n+1}+\frac{1}{n+2}+\cdots+\frac{1}{n+n} \quad \cdots (**)$$

考え方 (1)では数列の一般項を求める必要はありません．偶数，奇数の判断だけを行います．

(2)では左辺が $2n$ 個の項の和，右辺が n 個の項の和であることに注意してください．

【解答】

(1) (ア) $a_1=1$ であり $a_2=3a_1+1=4$ であるから

「$n=1$ のとき (*) は成り立つ．」

(イ) a_{2k-1} が奇数であり，a_{2k} が偶数であると仮定する．与えられた漸化式により

$$\begin{cases} a_{2k+1}=3a_{2k}+(4k-1) & \cdots ① \\ a_{2k+2}=3a_{2k+1}+(4k+1) & \cdots ② \end{cases}$$

$3a_{2k}$ は偶数，$4k-1$ は奇数であるので，① から

a_{2k+1} は奇数． ← $a_{2k+1}=3a_{2k}+(4k-1)$
　　　　　　　　　　$=3\times(偶数)+(奇数)$
　　　　　　　　　　となっています．

すると $3a_{2k+1}$ は奇数となり，さらに $4k+1$ も奇数であるので，② により

a_{2k+2} は偶数． ← $a_{2k+2}=3a_{2k+1}+(4k+1)$
　　　　　　　　　　$=3\times(奇数)+(奇数)$
　　　　　　　　　　となっています．

したがって

「$n=k$ のとき (*) が成り立てば，

$n=k+1$ において (*) は成り立つ．」

(ア) の結論と (イ) の結論から，数学的帰納法により

「すべての自然数 n に対し (*) は成り立つ．」

(2) (ウ) $n=1$ のとき (**) の左辺と右辺は $\frac{1}{2}$ となり

「$n=1$ のとき (**) は成り立つ.」

(エ) 自然数 k に対して次が成り立つと仮定する.

$$\frac{1}{1}-\frac{1}{2}+\frac{1}{3}-\frac{1}{4}+\cdots+\frac{1}{2k-1}-\frac{1}{2k}=\frac{1}{k+1}+\frac{1}{k+2}+\cdots+\frac{1}{2k}$$

> **目標** $n=k+1$ のときの (**) つまり
> $$\frac{1}{1}-\frac{1}{2}+\cdots+\frac{1}{2k+1}-\frac{1}{2k+2}$$
> $$=\frac{1}{(k+1)+1}+\frac{1}{(k+1)+2}+\cdots+\frac{1}{2(k+1)}$$
> を示す.(左辺)−(右辺)=0 を言えばよい.

$$A=B \iff A-B=0$$

すると

$$\left(\frac{1}{1}-\frac{1}{2}+\cdots+\frac{1}{2k-1}-\frac{1}{2k}+\frac{1}{2k+1}-\frac{1}{2k+2}\right)$$
$$-\left(\frac{1}{k+2}+\frac{1}{k+3}+\cdots+\frac{1}{2k}+\frac{1}{2k+1}+\frac{1}{2k+2}\right)$$

〜〜の部分を,仮定の等式を使って下の〜〜に書き直します.

$$=\left(\frac{1}{k+1}+\frac{1}{k+2}+\cdots+\frac{1}{2k}\right)+\frac{1}{2k+1}-\frac{1}{2k+2}$$
$$-\left(\frac{1}{k+2}+\frac{1}{k+3}+\cdots+\frac{1}{2k}\right)-\frac{1}{2k+1}-\frac{1}{2k+2}$$

$\frac{1}{k+2}+\cdots+\frac{1}{2k}$ の部分と $\frac{1}{2k+1}$ は消えてなくなります.

$$=\frac{1}{k+1}-\frac{1}{2k+2}-\frac{1}{2k+2}=\frac{2-1-1}{2(k+1)}=0$$

∴ $\dfrac{1}{1}-\dfrac{1}{2}+\cdots+\dfrac{1}{2k+1}-\dfrac{1}{2k+2}=\dfrac{1}{k+2}+\dfrac{1}{k+3}+\cdots+\dfrac{1}{2(k+1)}$

したがって

「$n=k$ のとき (**) が成り立てば

$n=k+1$ において (**) は成り立つ.」

(ウ) の結論と (エ) の結論から,数学的帰納法により

「すべての自然数 n に対し (**) は成り立つ.」

練習 20
n を自然数とする.次の等式が成り立つことを数学的帰納法により示せ.
$$1\cdot 3\cdot 5\cdots\cdots(2n-1)\cdot 2^n=(n+1)(n+2)\cdots\cdots(n+n)$$

例題21

自然数 n に対して次が成り立つことを，数学的帰納法を用いて証明せよ．

$$\frac{1}{\sqrt{1}}+\frac{1}{\sqrt{2}}+\frac{1}{\sqrt{3}}+\cdots+\frac{1}{\sqrt{n}}<2\sqrt{n} \quad \cdots (\ast)$$

【解答】

(ア) $n=1$ のとき，$(\ast)$ の左辺は 1，右辺は 2 であり，

「$n=1$ のとき $(\ast)$ は成り立つ．」

(イ) $\dfrac{1}{\sqrt{1}}+\dfrac{1}{\sqrt{2}}+\cdots+\dfrac{1}{\sqrt{k}}<2\sqrt{k}$ であると仮定する．

> **目標** $n=k+1$ のときの $(\ast)$ つまり
> $$\frac{1}{\sqrt{1}}+\frac{1}{\sqrt{2}}+\cdots+\frac{1}{\sqrt{k}}+\frac{1}{\sqrt{k+1}}<2\sqrt{k+1}$$
> を導く．(左辺)－(右辺) <0 を示せばよい．

$$A<B \iff A-B<0$$

$$\left(\frac{1}{\sqrt{1}}+\frac{1}{\sqrt{2}}+\cdots+\frac{1}{\sqrt{k}}+\frac{1}{\sqrt{k+1}}\right)-2\sqrt{k+1}$$

の部分を，より大きな数 $2\sqrt{k}$ に置き換えます．式全体の値が大きくなります．

$$<2\sqrt{k}+\frac{1}{\sqrt{k+1}}-2\sqrt{k+1}=\frac{2\sqrt{k}\sqrt{k+1}+1-2(k+1)}{\sqrt{k+1}}$$

$$=-\frac{2k+1-2\sqrt{k}\sqrt{k+1}}{\sqrt{k+1}}=-\frac{(\sqrt{k+1}-\sqrt{k})^2}{\sqrt{k+1}}<0$$

$$2k+1-2\sqrt{k}\sqrt{k+1}$$
$$=(k+1)-2\sqrt{k}\sqrt{k+1}+k$$
$$=(\sqrt{k+1}-\sqrt{k})^2$$
と変形しました．

$\therefore\ \dfrac{1}{\sqrt{1}}+\dfrac{1}{\sqrt{2}}+\cdots+\dfrac{1}{\sqrt{k+1}}<2\sqrt{k+1}$

したがって

「$n=k$ のとき $(\ast)$ が成り立てば

$n=k+1$ において $(\ast)$ は成り立つ．」

(ア)，(イ) の結論から，数学的帰納法により

「すべての自然数 n に対し $(\ast)$ は成り立つ．」

練習21

すべての自然数 n に対して $3^n \geqq n^2+2$ が成り立つことを示せ．

例題22

$a_1=1$, $a_{n+1}=2a_n{}^2-(n-1)(2n+1)$ （$n=1, 2, 3, \cdots$）を満たす数列 $\{a_n\}$ がある．

(1) a_2, a_3, a_4 を求めよ． (2) 数列 $\{a_n\}$ の一般項を求めよ．

考え方 (1)から a_n を予想して，それが正しいことを数学的帰納法で証明するのが(2)です．

【解答】

(1) 漸化式を繰り返し用いることにより

$$a_2=2a_1{}^2-0\cdot3=2-0=2$$
$$a_3=2a_2{}^2-1\cdot5=8-5=3$$
$$a_4=2a_3{}^2-2\cdot7=18-14=4$$

…(答)

$\{a_n\}$：$1, 2, 3, 4, \cdots$ となっています．

(2) (1)の結果から次が成り立つと予想される．

$$a_n=n \qquad \cdots(*)$$

この段階では，まだ成り立つかどうかわかりません．

(ア) $a_1=1$ であるから

「$n=1$ のとき(*)は成り立つ．」

(イ) $a_k=k$ （k は自然数）であると仮定すると

$$a_{k+1}=2a_k{}^2-(k-1)(2k+1)$$
$$=2k^2-(2k^2-k-1)=k+1$$

与えられた漸化式に $n=k$ を代入して a_{k+1} を求めます．

したがって

「$n=k$ のとき(*)が成り立てば

$n=k+1$ において(*)は成り立つ．」

(ア)，(イ)の結論から，数学的帰納法により

「すべての自然数 n に対し(*)は成り立つ」

ことがわかり

$$a_n=n \quad (n=1, 2, 3, \cdots) \qquad \cdots(答)$$

練習 22

$a_1=0$, $a_{n+1}=\dfrac{a_n-1}{4a_n-3}$ （$n=1, 2, 3, \cdots$）を満たす数列 $\{a_n\}$ の一般項を求めよ．（予想した場合は証明すること）

第2章
教科書だけでは足りない

第4節　　数列の特徴をとらえる

第5節　　2次元に広がる数列

第6節　　隣り合う2つの項の関係を探る

第4節　数列の特徴をとらえる

例題23

(1) 初項が 25，公差が -3 の等差数列 $\{a_n\}$ の初項から第 n 項までの和を S_n とする．S_n の最大値を求めよ．

(2) 数列 $\{x_n\}$ の階差数列の第 n 項（$n=1, 2, 3, \cdots$）は $50-n^2$ と表される．さらに $x_1=1$ であるとき，x_n の最大値を求めよ．

考え方　(1)では $S_n - S_{n-1} = a_n$ ($n \geq 2$) であることを用いて，a_n の正，負から S_{n-1} と S_n の大小を調べます．(2)も $x_{n+1} - x_n = 50 - n^2$ が成り立つので，x_n と x_{n+1} の大小を考えます．

【解答】

(1) 与えられた条件により

$$a_n = 25 - 3(n-1) = 28 - 3n \quad (n=1, 2, 3, \cdots)$$

$a_1, a_2, \cdots, a_9$ は正で，$a_{10}, a_{11}, a_{12}, \cdots$ は負である．さらに，$n \geq 2$ のとき $S_n - S_{n-1} = a_n$ なので

$$\begin{cases} n=2, 3, \cdots, 9 \text{ のとき} & S_n - S_{n-1} = a_n > 0 \\ n=10, 11, 12, \cdots \text{ のとき} & S_n - S_{n-1} = a_n < 0 \end{cases}$$

> $n=2, 3, \cdots, 9$ のとき
> $S_{n-1} < S_n$
> $n=10, 11, 12, \cdots$ のとき
> $S_{n-1} > S_n$
> が成り立ちます．

したがって

$$\begin{cases} S_1 < S_2 < S_3 < \cdots < S_8 < S_9 \\ S_9 > S_{10} > S_{11} > S_{12} > \cdots \end{cases}$$

が成り立ち，$n=9$ のとき S_n は最大となる．

S_n の最大値は

$$S_9 = \frac{9(a_1 + a_9)}{2} = \frac{9(25+1)}{2} = 117 \quad \cdots \text{(答)}$$

> 初項が a，末項が l，項数が n の等差数列の和は
> $$\frac{n(a+l)}{2}$$
> です．

《参考》

与えられた条件により

$$S_n = \frac{n\{2 \cdot 25 - 3(n-1)\}}{2} = \frac{1}{2}(-3n^2 + 53n)$$

$$= -\frac{3}{2}\left(n - \frac{53}{6}\right)^2 + \frac{2809}{24}$$

となりますが，S_n の最大値は $\dfrac{2809}{24}$ ではありません．
xy 平面上の放物線
$$y = -\dfrac{3}{2}\left(x - \dfrac{53}{6}\right)^2 + \dfrac{2809}{24}$$
において，$x=1, 2, 3, \cdots$ に対する y の値が順に S_1, S_2, S_3, $\cdots$ ですから，放物線の頂点の x 座標 $\dfrac{53}{6}$ に最も近い自然数 9 が S_n を最大にする n の値です．

(2) 与えられた条件から
$$x_{n+1} - x_n = 50 - n^2 \quad (n=1, 2, 3, \cdots) \quad \cdots ①$$
この等式の右辺の正，負を考えると
$$\begin{cases} n=1, 2, \cdots, 7 \text{ のとき} \quad x_{n+1} - x_n > 0 \\ n=8, 9, 10, \cdots \text{ のとき} \quad x_{n+1} - x_n < 0 \end{cases}$$

> $n=1, 2, \cdots, 7$ のとき
> $\quad x_n < x_{n+1}$
> $n=8, 9, 10, \cdots$ のとき
> $\quad x_n > x_{n+1}$
> が成り立ちます．

したがって
$$\begin{cases} x_1 < x_2 < x_3 < \cdots < x_7 < x_8 \\ x_8 > x_9 > x_{10} > \cdots \end{cases}$$
が成り立ち，x_n を最大にする n の値は $n=8$ である．
$x_1 = 1$ と ① により，x_n の最大値は
$$x_8 = x_1 + \sum_{n=1}^{7}(50 - n^2)$$

> $n \geqq 2$ のとき
> $x_n = x_1 + \begin{pmatrix}\text{階差数列の第}\\ n-1 \text{ 項までの和}\end{pmatrix}$
> です．

$$= 1 + 50 \cdot 7 - \dfrac{7 \cdot 8 \cdot 15}{6} = 211 \quad \cdots (答)$$

> $\displaystyle\sum_{k=1}^{n} k^2 = \dfrac{n(n+1)(2n+1)}{6}$
> を使っています．

練習 23

(1) 初項が -32，公差が 4 である等差数列 $\{a_n\}$ の初項から第 n 項までの和を S_n とする．S_n の最小値を求めよ．

(2) 数列 $\{x_n\}$ の階差数列の第 n 項 $(n=1, 2, 3, \cdots)$ は $n(n+1) - 60$ と表される．さらに $x_1 = 0$ であるとき，x_n の最小値を求めよ．

例題24

初項が 37 であり,公差 d が整数である等差数列 $\{a_n\}$ の初項から第 n 項までの和を S_n とする.S_n を最大にする n の値が $n=10$ のみであるとき,数列 $\{a_n\}$ の一般項を求めよ.

考え方 S_n が $n=10$ のときに最大となるので $S_9 < S_{10}$, $S_{10} > S_{11}$ が必要です.$a_{10} = S_{10} - S_9$ は正,$a_{11} = S_{11} - S_{10}$ は負なので,整数 d の値がわかります.

【解答】

数列 $\{a_n\}$ の一般項は $\quad a_n = 37 + (n-1)d \quad$ …①

「S_n を最大にする n は $n=10$ のみである」 …(*)

という条件を満たす整数 d を考える.

$$(*) \implies \lceil S_9 < S_{10} \text{ かつ } S_{10} > S_{11} \rfloor$$

← S_{10} は他の S_n より大きくなります.

であることと $S_n - S_{n-1} = a_n \ (n \geq 2)$ から

$$\begin{cases} 0 < S_{10} - S_9 = a_{10} = 37 + 9d \\ 0 > S_{11} - S_{10} = a_{11} = 37 + 10d \end{cases}$$

$-\dfrac{37}{9} < d < -\dfrac{37}{10}$ となり整数 d は $d = -4$.よって①は

← $-4.11\cdots < d < -3.7$ を満たす整数 d を求めます.

$$a_n = 41 - 4n \quad (n=1, 2, 3, \cdots)$$

$a_1, a_2, \cdots, a_{10}$ は正,$a_{11}, a_{12}, \cdots$ は負となるので

← 「(*) かつ d が整数」 $\implies d = -4$
は成り立ちますが,⇐ の成立を確かめなければいけません.

$$\begin{cases} n=2, 3, \cdots, 10 \text{ のとき} \quad S_n - S_{n-1} = a_n > 0 \\ n=11, 12, 13, \cdots \text{ のとき} \quad S_n - S_{n-1} = a_n < 0 \end{cases}$$

$$\therefore \begin{cases} S_1 < S_2 < S_3 < \cdots < S_9 < S_{10} \\ S_{10} > S_{11} > S_{12} > \cdots \end{cases}$$

← S_{n-1} と S_n の大小を $S_n - S_{n-1} = a_n$ の正,負から調べます.

よって $d = -4$ のとき (*) は満たされる.

以上により d が整数で (*) が成り立つとき

$$a_n = 41 - 4n \quad (n=1, 2, 3, \cdots) \quad \cdots (\text{答})$$

練習24

$a_1 = 30$, $a_2 = 12$ を満たす数列 $\{a_n\}$ の階差数列は等差数列でその公差は整数である.a_n を最小にする n が $n=5$ のみであるとき,a_5 を求めよ.

例題25

等差数列 $\{a_n\}$ があって,$a_{21}=-11$,$a_1+a_2+a_3+\cdots+a_{21}=84$ を満たしている.a_1,a_2,a_3,$\cdots$,a_{21} のうち値が整数である項の和を求めよ.

考え方 等差数列 $\{a_n\}$ については,$a_1+a_2+\cdots+a_n=\dfrac{n(a_1+a_n)}{2}$ であるので,初項がすぐにわかります.公差に注目して値が整数である項を選び出すと,それらも等差数列となっています.

【解答】

$a_1+a_2+a_3+\cdots+a_{21}=\dfrac{21(a_1+a_{21})}{2}$ であるので,与えられた値を代入すると

$$84=\dfrac{21}{2}(a_1-11) \quad \therefore \quad a_1=19$$

> 初項を a,公差を d として
> $$\begin{cases} a+20d=-11 \\ \dfrac{21(2a+20d)}{2}=84 \end{cases}$$
> から a,d を求めることもできます.

そこで,等差数列 $\{a_n\}$ の公差を d とおくと

$$a_n=19+(n-1)d \quad (n=1,\ 2,\ 3,\ \cdots) \quad \cdots ①$$

$a_{21}=-11$ であるから $d=-\dfrac{3}{2}$.よって,① は

> $-11=19+20d$ から d を求めます.

$$a_n=19-\dfrac{3}{2}(n-1) \quad (n=1,\ 2,\ 3,\ \cdots)$$

となる.この値が整数となるのは「$n-1$ が偶数」つまり「n が奇数」の場合であり,求める和は

$$a_1+a_3+a_5+\cdots+a_{19}+a_{21}$$
$$=19+16+13+\cdots+(-8)+(-11)$$

これは初項が 19,末項が -11,項数が 11 の等差数列の和で,その値は

$$\dfrac{11\{19+(-11)\}}{2}=44 \quad \cdots (答)$$

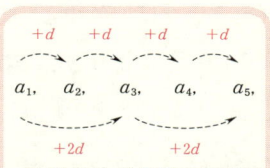

> 数列 $\{a_n\}$ が公差 d の等差数列なら
> a_1,a_3,a_5,a_7,$\cdots$
> は公差 $2d$ の等差数列です.

練習25 $a_1=1$,$a_n=2$ である等差数列 a_1,a_2,$\cdots$,a_n があり,これらの和が 30 である.n の値を求めよ.さらにこの数列の間に $n-1$ 個の項を補って,新しく等差数列 a_1,b_1,a_2,b_2,a_3,$\cdots$,a_{n-1},b_{n-1},a_n を作る.$b_1+b_2+\cdots+b_{n-1}$ の値を求めよ.

例題26

n は自然数とする．公比が r である等比数列 $\{a_k\}$ があって
$$a_1+a_2+a_3+\cdots+a_{2n}=-20, \quad a_1+a_3+a_5+\cdots+a_{2n-1}=10$$
を満たしている．r と $|a_1|+|a_2|+|a_3|+\cdots+|a_{2n}|$ の値を求めよ．

考え方 $a_2+a_4+a_6+\cdots+a_{2n}$ の値を利用します．a_1, a_3, $\cdots$, a_{2n-1} の値を r 倍すると順に a_2, a_4, $\cdots$, a_{2n} となることに注目してください．

【解答】

$$a_1+a_2+a_3+a_4+\cdots+a_{2n-1}+a_{2n}=-20 \quad \cdots ①$$
$$a_1+a_3+\cdots+a_{2n-1}\phantom{+a_{2n}}=10 \quad \cdots ②$$

①－② により

$$a_2+a_4+\cdots\phantom{+a_{2n-1}}+a_{2n}=-30 \quad \cdots ③$$

$a_2=ra_1$, $a_4=ra_3$, $\cdots$, $a_{2n}=ra_{2n-1}$ であるので，③から

$$r(a_1+a_3+\cdots+a_{2n-1})=-30$$

② を代入し $10r=-30$ となって

$$r=-3 \quad \cdots (答)$$

$a_{k+2}=-3a_{k+1}=9a_k$ であるから，a_k と a_{k+2} の符号（正，負）は一致する．したがって

$$\begin{cases} ② により a_1, a_3, \cdots, a_{2n-1} はすべて正, \\ ③ により a_2, a_4, \cdots, a_{2n} はすべて負 \end{cases}$$

となり

$$|a_1|+|a_2|+|a_3|+\cdots+|a_{2n-1}|+|a_{2n}|$$
$$=(a_1+a_3+\cdots+a_{2n-1})-(a_2+a_4+\cdots+a_{2n})$$
$$=10-(-30)=40 \quad \cdots (答)$$

練習 26

等比数列 $\{a_k\}$ の初項から第 k 項までの和を S_k $(k=1, 2, 3, \cdots)$ とする．自然数 n があって，$S_n=10$, $S_{2n}=30$ であるとき，S_{3n} を求めよ．

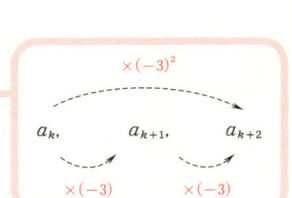

例題27

2でも3でも割り切れない自然数を小さい順に並べて数列 $\{a_n\}$ を作る.
(1) a_n を n で表せ.　　(2) $a_1^2+a_2^2+\cdots+a_{2m-1}^2+a_{2m}^2$ を m で表せ.

考え方 右のように小さい方から6個ずつ自然数を組にして，2でも3でも割り切れない数（■印）に注目します．例題4(1)も見てください．

(**1**, 2, 3, 4, **5**, 6),
(**7**, 8, 9, 10, **11**, 12),
(**13**, 14, 15, 16, **17**, 18),
…

【解答】

(1) 自然数を小さい方から6個ずつ組にしていく．k 番目の組の中で2でも3でも割り切れない数は
$$6k-5,\quad 6k-1$$
の2つである．6数の組のいずれについても，2でも3でも割り切れない数は2つずつあるので
$$\begin{cases} a_{2k-1}=6k-5 & \cdots ① \\ a_{2k}=6k-1 & \cdots ② \end{cases}$$
① で $2k-1=n$ $\left(k=\dfrac{n+1}{2}\right)$，② で $2k=n$
$\left(k=\dfrac{n}{2}\right)$ とおいて
$$a_n=\begin{cases} 3n-2 & (n\text{ が奇数のとき}) \\ 3n-1 & (n\text{ が偶数のとき}) \end{cases} \quad \cdots \text{(答)}$$

> k 番目の組は
> $(6k-5,\ 6k-4,\ 6k-3,$
> $6k-2,\ \mathbf{6k-1},\ 6k)$
> です．

> 各組に2個ずつ ■ があるので，k 番目の組の2数のうち
> $\begin{cases} 6k-1\text{ は }2k\text{ 番目} \\ 6k-5\text{ は }2k-1\text{ 番目} \end{cases}$
> となります．

> a_n を n で表すことが目標なので，① と ② で添字を n に書き直します．

(2) ①，② から $a_{2k-1}^2+a_{2k}^2=72k^2-72k+26$ を得るので
$$(a_1^2+a_2^2)+(a_3^2+a_4^2)+\cdots+(a_{2m-1}^2+a_{2m}^2)$$
$$=\sum_{k=1}^{m}(a_{2k-1}^2+a_{2k}^2)=\sum_{k=1}^{m}(72k^2-72k+26)$$
$$=12m(m+1)(2m+1)-36m(m+1)+26m$$
$$=2m(12m^2+1) \quad \cdots \text{(答)}$$

> 偶数番目と奇数番目が異なる式で表されている場合，隣り合う2項を組にして和を求めるのも1つの方法です．

練習 27
3の倍数であるが9の倍数でない自然数を小さい順に並べて数列 $\{a_n\}$ を作る．a_n を n で表せ．

例題28

0と2の間にあり，分母が5である既約分数は $\frac{1}{5}$, $\frac{2}{5}$, $\frac{3}{5}$, $\frac{4}{5}$, $\frac{6}{5}$, $\frac{7}{5}$, $\frac{8}{5}$, $\frac{9}{5}$ であり，これらの和は8である．$m<n$ を満たす自然数 m, n に対して，m と n の間にあり，分母が5である既約分数の総和を求めよ．

考え方

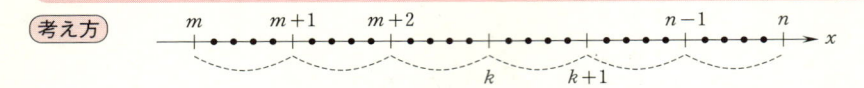

図のように $n-m$ 個の区間に分けて，各区間ごとに5を分母とする既約分数（図の●印）4つの和を求めて，それらを合計します．

【解答】

k を自然数とする．k と $k+1$ の間にあり，5を分母とする既約分数は4つある．それらの和を S_k とすると

$$S_k = \left(k+\frac{1}{5}\right)+\left(k+\frac{2}{5}\right)+\left(k+\frac{3}{5}\right)+\left(k+\frac{4}{5}\right)$$

$$= 4k+\left(\frac{1}{5}+\frac{2}{5}+\frac{3}{5}+\frac{4}{5}\right) = 4k+2 \quad \cdots ①$$

求める和を T とすると

$$T = S_m + S_{m+1} + S_{m+2} + \cdots + S_{n-1} \quad \cdots ②$$

①から $S_{k+1} - S_k = 4$ （一定）が導かれ，数列 $\{S_k\}$ は等差数列となる．したがって，②は

$$T = \frac{(n-m)(S_m + S_{n-1})}{2}$$

①から $S_m = 4m+2$, $S_{n-1} = 4n-2$ を得るので

$$T = \frac{(n-m)(4m+4n)}{2} = 2(n^2-m^2) \quad \cdots （答）$$

> 上の図の $\smile$ で示した区間の左端の値が k です．

> 上の図の $\smile$ で示した区間の左端の値 k は，$k=m$ から $k=n-1$ まで変化します．

> 初項が a, 末項が l, 項数が n の等差数列の和は
> $$\frac{n(a+l)}{2}$$
> この場合「項数」は図の区間の個数 $n-m$ です．

練習28

$m<n$ を満たす自然数 m, n に対して，$10m \leq x < 10n$ を満たし，2と5の少なくとも一方で割り切れる整数 x の総和を求めよ．

例題29

次の4次方程式が相異なる4つの実数解をもち，それらが等差数列をなすような実数の定数 k の値を求めよ．
$$x^4 - 5x^2 + k = 0 \qquad \cdots(*)$$

考え方 $x^2 = t$ とおいて t の2次方程式を作ります．その2次方程式が正の解を2つもつとき，$(*)$ は4つ実数解をもちます．$t = t_1, \ t_2 \ (0 < t_1 < t_2)$ が正の2解なら，$x = \pm\sqrt{t}$ により $(*)$ の4つの実数解は数直線上に右のように並びます．これらが等差数列をなす場合を考えます．

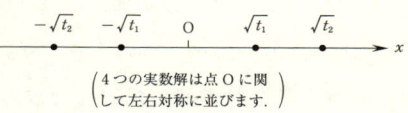

（4つの実数解は点Oに関して左右対称に並びます．）

【解答】

$x^2 = t$ とおくと $(*)$ から
$$t^2 - 5t + k = 0 \qquad \cdots(**)$$

$(*)$ が相異なる4つの実数解をもつとき，$(**)$ は相異なる2つの正の解をもつ．それから定まる $(*)$ の実数解は数直線上で原点に関して対称に並ぶ．よって，$(*)$ の4つの実数解が等差数列をなすとき，それらは

$$x = -3\alpha, \ -\alpha, \ \alpha, \ 3\alpha \quad (\alpha \text{ は } 0 \text{ でない実数})$$

と表される．このとき $t = x^2$ により

$$t = \alpha^2, \ 9\alpha^2$$

これが $(**)$ の2解であるので，解と係数の関係から

$$\begin{cases} \alpha^2 + 9\alpha^2 = 5 \\ \alpha^2 \cdot 9\alpha^2 = k \end{cases}$$

$$\therefore \quad \alpha^2 = \frac{1}{2}, \quad k = \frac{9}{4} \qquad \cdots \text{(答)}$$

このとき α は0でない実数となっている．

原点Oに関し左右対称に，4つの点●が等間隔に並びます．

$ax^2 + bx + c = 0 \ (a \neq 0)$ の2解が $\alpha, \ \beta$ であるとき
$$\begin{cases} \alpha + \beta = -\dfrac{b}{a} \\ \alpha\beta = \dfrac{c}{a} \end{cases}$$

練習29

等差数列をなす5数があって，5数の和は20，5数の平方の和は100である．これら5数を求めよ．

第5節　2次元に広がる数列

例題30

n は 2 以上の整数，a, b は n 以下の自然数であるとする．

(1) すべての組 (a, b) に対して，積 ab を求めると右の表のようになる．積 ab の総和を求めよ．

(2) 1, 2, 3, $\cdots$, n のうち，互いに異なる 2 数の積の総和 S を求めよ．

a \ b	1	2	3	$\cdots$	$n-1$	n
1	$1\cdot 1$	$2\cdot 1$	$3\cdot 1$	$\cdots$	$(n-1)\cdot 1$	$n\cdot 1$
2	$1\cdot 2$	$2\cdot 2$	$3\cdot 2$	$\cdots$	$(n-1)\cdot 2$	$n\cdot 2$
3	$1\cdot 3$	$2\cdot 3$	$3\cdot 3$	$\cdots$	$(n-1)\cdot 3$	$n\cdot 3$
$\vdots$	$\vdots$	$\vdots$	$\vdots$		$\vdots$	$\vdots$
n	$1\cdot n$	$2\cdot n$	$3\cdot n$	$\cdots$	$(n-1)\cdot n$	$n\cdot n$

考え方 (1)では表の横の並びを加え合わせ，次にその和をたてに加えればよいでしょう．

【解答】

(1) $b=1$ のとき ab の和は $(1+2+3+\cdots+n)\cdot 1$

$b=2$ のとき ab の和は $(1+2+3+\cdots+n)\cdot 2$

$\vdots$

$b=n$ のとき ab の和は $(1+2+3+\cdots+n)\cdot n$

これらを加えることにより，積 ab の総和は

$(1+2+3+\cdots+n)(1+2+3+\cdots+n)$

$=\dfrac{n(n+1)}{2}\times\dfrac{n(n+1)}{2}=\dfrac{n^2(n+1)^2}{4}$ … (答)

(2) 問題文の表を

　(ア) $a<b$　(イ) $a=b$　(ウ) $a>b$

のそれぞれを満たす 3 つの部分に分割する．

(ア) の部分の ab の総和は S である．

(イ) の部分の ab の総和は

$1^2+2^2+3^2+\cdots+n^2=\dfrac{n(n+1)(2n+1)}{6}$

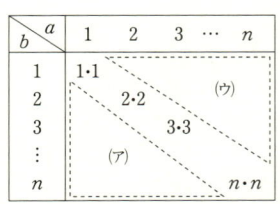

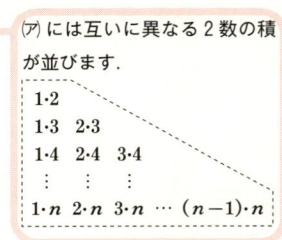

(ウ) の部分の ab の総和は S である．

(ア)には互いに異なる 2 数の積が並びます．

$1\cdot 2$
$1\cdot 3$　$2\cdot 3$
$1\cdot 4$　$2\cdot 4$　$3\cdot 4$
$\vdots$　$\vdots$　$\vdots$
$1\cdot n$　$2\cdot n$　$3\cdot n$　$\cdots$　$(n-1)\cdot n$

したがって，(1)の結果から

$$S + \frac{n(n+1)(2n+1)}{6} + S = \frac{n^2(n+1)^2}{4}$$

$$\therefore \quad S = \frac{1}{2}\left\{\frac{n^2(n+1)^2}{4} - \frac{n(n+1)(2n+1)}{6}\right\}$$

$$= \frac{n(n+1)}{24}\{3(n^2+n) - 2(2n+1)\}$$

$$= \frac{(n-1)n(n+1)(3n+2)}{24} \quad \cdots \text{(答)}$$

> $(1+2+3+\cdots+n)^2$
> $=(1^2+2^2+\cdots+n^2)+2S$
> が成り立つことが導かれました．

【別解】 ((ア)の部分の ab の和を直接求めてもよい．)

$b = k+1$ のとき，$a < b$ を満たす (a, b) について，積 ab の総和は

$$(1+2+3+\cdots+k)(k+1)$$

$$= \frac{k(k+1)}{2}(k+1) = \frac{1}{2}(k^3 + 2k^2 + k)$$

となる．ただし，$k = 1, 2, 3, \cdots, n-1$ である．これらの k について和をとることにより

$$S = \frac{1}{2}\sum_{k=1}^{n-1}(k^3 + 2k^2 + k)$$

$$= \frac{1}{2}\left\{\frac{(n-1)^2 n^2}{4} + \frac{(n-1)n(2n-1)}{3} + \frac{(n-1)n}{2}\right\}$$

$$= \frac{(n-1)n}{24}\{3(n^2-n) + 4(2n-1) + 6\}$$

$$= \frac{(n-1)n(n+1)(3n+2)}{24} \quad \cdots \text{(答)}$$

> 前ページの(ア)に並ぶ ab を横方向に加えます．
>
> $1 \cdot 2$
> $1 \cdot 3 \quad 2 \cdot 3$
> $\vdots$
> $1(k+1) \quad 2(k+1) \quad \cdots k(k+1)$
> $\vdots$
> $1 \cdot n \quad 2 \cdot n \quad \cdots\cdots (n-1) \cdot n$

練習 30

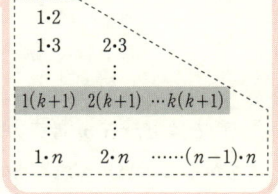

m, n は自然数であるとする．

$2^m 3^n$ の正の約数は

$2^x 3^y$ $(x = 0, 1, \cdots, m, \quad y = 0, 1, \cdots, n)$

と表され，これらを表にまとめると右のようになる．これを利用して，$2^m 3^n$ の正の約数の総和を求めよ．

$3^y \backslash 2^x$	1	2	2^2	$\cdots$	2^m
1	$1 \cdot 1$	$2 \cdot 1$	$2^2 \cdot 1$	$\cdots$	$2^m \cdot 1$
3	$1 \cdot 3$	$2 \cdot 3$	$2^2 \cdot 3$	$\cdots$	$2^m \cdot 3$
3^2	$1 \cdot 3^2$	$2 \cdot 3^2$	$2^2 \cdot 3^2$	$\cdots$	$2^m \cdot 3^2$
$\vdots$	$\vdots$	$\vdots$	$\vdots$		$\vdots$
3^{n-1}	$1 \cdot 3^{n-1}$	$2 \cdot 3^{n-1}$	$2^2 \cdot 3^{n-1}$	$\cdots$	$2^m \cdot 3^{n-1}$
3^n	$1 \cdot 3^n$	$2 \cdot 3^n$	$2^2 \cdot 3^n$	$\cdots$	$2^m \cdot 3^n$

例題31

右の表において，1列目（左端のたての並び）には，自然数が小さい順に並んでいる．さらに，各行（横の並び）は公比が2の等比数列である．この表の m 行目と n 列目の交わった所にある数を $a_{m,n}$ と書く．

	1列目	2列目	3列目	4列目	…
(1行目)	1	2	4	8	…
(2行目)	2	4	8	16	…
(3行目)	3	6	12	24	…
(4行目)	4	8	16	32	…
(5行目)	5	10	20	40	…
⋮	⋮	⋮	⋮	⋮	

(1) $a_{m,n}$ を m, n で表せ．

(2) n を自然数とする．次の和を求めよ．
$$S_n = a_{n,1} + a_{n-1,2} + a_{n-2,3} + \cdots + a_{1,n}$$

考え方

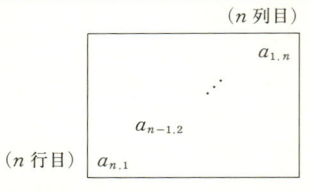

(1)では上から m 番目の横の並び（m 行目）が等比数列であることに注目して，その第 n 項（左から n 番目）を求めます．(2)では，求める和の k 番目が $a_{n+1-k,k}$ ですから，これを(1)の結果を使って書き直して $k=1$, 2, $\cdots$, n について加えます．例題10(2)も参考にしてください．

【解答】

(1) m 行目は初項が m，公比が2の等比数列であり，$a_{m,n}$ はその第 n 項である．よって

$$a_{m,n} = m \cdot 2^{n-1} \quad \cdots \text{(答)}$$

$(m=1, 2, 3, \cdots, \quad n=1, 2, 3, \cdots)$

(2) 数列 $a_{n,1}$, $a_{n-1,2}$, $a_{n-2,3}$, $\cdots$, $a_{1,n}$ において

$$\begin{cases} \text{第 } k \text{ 項は } a_{n+1-k,k} \text{ であり，} \\ \text{末項は } k=n \text{ に対応する．} \end{cases}$$

この第 k 項は，(1)の結果から

$$a_{n+1-k,k} = \{n-(k-1)\} \cdot 2^{k-1}$$

$(k=1, 2, 3, \cdots, n)$

> 行数を表す添字を並べると
> n, $n-1$, $n-2$, $\cdots$, 1
> これは等差数列で，k 番目は
> $n-1\cdot(k-1) = n+1-k$
> となります．

> $a_{m,n} = m \cdot 2^{n-1}$ の
> $\begin{cases} m \text{ を } n+1-k \text{ に，} \\ n \text{ を } k \text{ に} \end{cases}$
> 書き換えます．

となるので

$$S_n = n \cdot 2^0 + (n-1)2^1 + (n-2)2^2 + \cdots + 1 \cdot 2^{n-1}$$

$$\therefore \quad 2S_n = \quad\quad n \cdot 2^1 + (n-1)2^2 + \cdots + 2 \cdot 2^{n-1} + 1 \cdot 2^n$$

辺々引くと

$$-S_n = n \quad\quad -2^1 \quad\quad -2^2 - \cdots -2^{n-1} - 2^n$$

$$= n - (2 + 2^2 + \cdots + 2^n)$$

$$= n - \frac{2(2^n - 1)}{2-1} = n + 2 - 2^{n+1}$$

$$\therefore \quad S_n = 2^{n+1} - n - 2 \quad (n=1,\ 2,\ 3,\ \cdots) \quad \cdots(答)$$

> 両辺に 2 を掛け，2^k の項をたてにそろえて，辺々引きます．

> $2 + 2^2 + \cdots + 2^n$ は初項が 2，公比が 2，項数が n の等比数列の和です．

《参考》

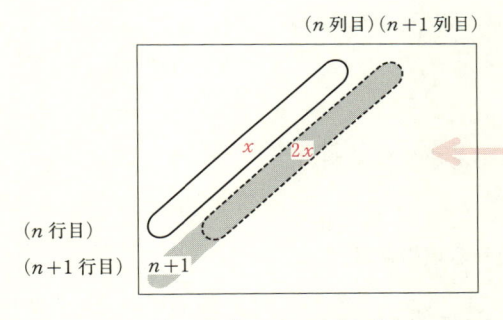

(n 列目)($n+1$ 列目)

(n 行目)
($n+1$ 行目) $n+1$

図中: x, $2x$

> ⬭ の和が S_n，⬭ の和が S_{n+1} です．数の並び方に注意すると，⬭ の部分は ⬭ の 2 倍です．

S_n と S_{n+1} を比較します．上の図から

$$S_{n+1} = 2S_n + n + 1 \quad (n=1,\ 2,\ 3,\ \cdots)$$

が成り立つことがわかるので，この漸化式を**例題 16** の方法で解いて S_n を求めてもよいです．

練習 31

自然数を小さい順に右の図のように並べていき，たて，横に n 個の自然数を正方形状に並べる（$n=1,\ 2,\ 3,\ \cdots$）．そのとき，正方形の右上の端の数を a_n，右下の端の数を b_n とする．

(1) a_n を n で表せ．
(2) 対角線上に並ぶ数の和 $1+3+7+\cdots+b_n$ を n で表せ．

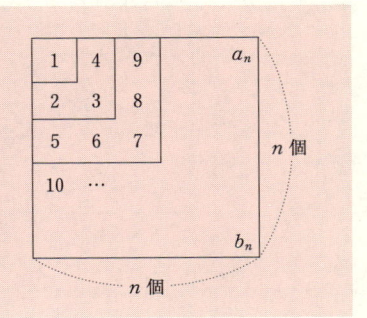

1	4	9		a_n
2	3	8		
5	6	7		
10	⋯			b_n

(n 個，n 個)

第 5 節　2 次元に広がる数列

例題32

分数を約分せずに並べて,次のような数列 $\{a_n\}$ を作る.

$$\{a_n\}: \frac{1}{1},\ \frac{1}{2},\ \frac{2}{2},\ \frac{1}{3},\ \frac{2}{3},\ \frac{3}{3},\ \frac{1}{4},\ \frac{2}{4},\ \frac{3}{4},\ \frac{4}{4},\ \frac{1}{5},\ \cdots$$

(1) $\dfrac{1}{11}$ はこの数列の第何項であるか.

(2) a_{100} を求めよ.　　　(3) $T=a_1+a_2+a_3+\cdots+a_{100}$ を求めよ.

考え方 分母が k の分数が並ぶ部分を1つのグループと見て A_k とおきます.A_k には k 個の項が含まれるので,グループごとに改行して右のように並べると,見やすいでしょう.

図の　　の部分の項の個数がわかるので,$\dfrac{1}{11}$ が先頭から何番目にあるかもわかります.

$A_1:\ \dfrac{1}{1},$ 　　　　　　　　　（1個）

$A_2:\ \dfrac{1}{2},\ \dfrac{2}{2},$ 　　　　　　　（2個）

$A_3:\ \dfrac{1}{3},\ \dfrac{2}{3},\ \dfrac{3}{3},$ 　　　　（3個）

$\vdots$ 　$\vdots$

$A_{10}:\ \dfrac{1}{10},\ \dfrac{2}{10},\ \cdots,\ \dfrac{10}{10}$ （10個）

$A_{11}:\ \dfrac{1}{11},\ \cdots$

【解答】

この数列 $\{a_n\}$ のうち,分母が k である分数 k 個が並ぶ部分を A_k とおく.

(1) $A_1,\ A_2,\ A_3,\ \cdots,\ A_{10}$ に含まれる項の個数は

$$1+2+3+\cdots+10=\frac{10\cdot 11}{2}=55\ \text{個}$$

> 上の図の　　の部分にある項の個数です.$\dfrac{10}{10}$ が先頭から55番目の項だとわかります.

さらに $\dfrac{1}{11}$ は A_{11} の1番目であるので,

「$\dfrac{1}{11}$ は第56項である.」　　…(答)

(2) a_{100} が A_n に含まれるとする.

$A_1:\ \dfrac{1}{1},$ 　　　　　　　　　　　（1個）

$A_2:\ \dfrac{1}{2},\ \dfrac{2}{2},$ 　　　　　　　　（2個）

$\vdots$ 　$\vdots$

$A_{n-1}:\ \dfrac{1}{n-1},\ \dfrac{2}{n-1},\ \cdots,\ \dfrac{n-1}{n-1}$ 　（$n-1$ 個）

$A_n:\ \dfrac{1}{n},\ \cdots,\ a_{100},\ \cdots,\ \dfrac{n}{n}$ 　　（n 個）

$n \geqq 2$ であり，項の個数に注目すると
$$1+2+3+\cdots+(n-1) < 100 \leqq 1+2+3+\cdots+n$$
$$\therefore \quad \frac{(n-1)n}{2} < 100 \leqq \frac{n(n+1)}{2}$$

この条件を満たす 2 以上の整数はただ 1 つ存在することと，$\frac{13\cdot 14}{2}=91$，$\frac{14\cdot 15}{2}=105$ から
$$n=14$$

> ▲の部分の項の個数は
> $1+2+3+\cdots+(n-1)$
> △の部分の項の個数は
> $1+2+3+\cdots+n$
> a_1 から a_{100} までに 100 個の項があるので，これらを比較します．

A_1, A_2, $\cdots$, A_{13} に全部で 91 個の項が含まれ，$100-91=9$ であるので

「a_{100} は A_{14} の 9 番目の項である．」 …(*)

したがって，
$$a_{100}=\frac{9}{14} \qquad \cdots（答）$$

(3) A_k に含まれる k 個の項の和を S_k とおく．(*) から
$$T=a_1+a_2+\cdots+a_{100}$$
$$=(S_1+S_2+\cdots+S_{13})+\left(\frac{1}{14}+\frac{2}{14}+\cdots+\frac{9}{14}\right) \quad \cdots ①$$

ここで，
$$S_k=\frac{1}{k}(1+2+3+\cdots+k)=\frac{k+1}{2}$$

であるから，① により
$$T=\frac{1}{2}(2+3+4+\cdots+14)+\frac{1}{14}(1+2+\cdots+9)$$
$$=\frac{1}{2}\cdot\frac{13(2+14)}{2}+\frac{1}{14}\cdot\frac{9\cdot 10}{2}=\frac{773}{14} \qquad \cdots（答）$$

> $\frac{1}{1}$, （和は S_1）
> $\frac{1}{2}$, $\frac{2}{2}$, （和は S_2）
> $\frac{1}{3}$, $\frac{2}{3}$, $\frac{3}{3}$, （和は S_3）
> $\vdots$
> $\frac{1}{13}$, $\frac{2}{13}$, $\cdots$, $\frac{13}{13}$, （和は S_{13}）
> $\frac{1}{14}$, $\cdots$, $\frac{9}{14}$
> これらの和を求めます．

> $2+3+4+\cdots+14$ は初項が 2，末項が 14，項数が 13 の等差数列の和です．

練習 32

2^n の正の約数を小さい順に並べたものを，$n=1$, 2, 3, $\cdots$ の順につなげて次の数列を作る．
$$1, 2, 1, 2, 2^2, 1, 2, 2^2, 2^3, 1, 2, 2^2, 2^3, 2^4, 1, \cdots$$

(1) この数列の第 50 項を求めよ． (2) この数列の初項から第 50 項までの和を求めよ．

第 5 節　2 次元に広がる数列

例題33

n を自然数とする．n からはじめて値を 2 ずつ減らしながら正の整数を並べたものを A_n とする．つまり

n が奇数ならば　$A_n : n,\ n-2,\ n-4,\ \cdots,\ 5,\ 3,\ 1$，

n が偶数ならば　$A_n : n,\ n-2,\ n-4,\ \cdots,\ 6,\ 4,\ 2$

である．さらに $A_1,\ A_2,\ A_3,\ \cdots$ の順に並べて次の数列 $\{a_k\}$ を作る．

$$\{a_k\} : 1,\ 2,\ 3,\ 1,\ 4,\ 2,\ 5,\ 3,\ 1,\ 6,\ 4,\ 2,\ 7,\ \cdots$$

(1) a_{150} を求めよ．　　　　(2) $T = a_1 + a_2 + a_3 + \cdots + a_{150}$ を求めよ．

考え方　n が偶数の場合と奇数の場合とで A_n の様子が異なるので，A_1 と A_2，A_3 と A_4，A_5 と A_6，$\cdots$ をそれぞれ 1 つにまとめて扱うとよいでしょう．A_{2m-1} と A_{2m} に含まれる数を小さい順に並べ替えると，$1,\ 2,\ 3,\ \cdots,\ 2m-1,\ 2m$ の $2m$ 個となります．

【解答】

m を自然数とする．数列 $\{a_k\}$ のうち $A_{2m-1},\ A_{2m}$ の部分をまとめて B_m とする．つまり

$$B_m : \underbrace{2m-1,\ 2m-3,\ \cdots,\ 1}_{(A_{2m-1})},\ \underbrace{2m,\ 2m-2,\ \cdots,\ 2}_{(A_{2m})}$$

であり，B_m には $2m$ 個の項が含まれる．

(1) a_{150} が B_m に含まれるとする．

B_1 : 1, 2,　　　　　　　　　　　（2 個）
B_2 : 3, 1, 4, 2,　　　　　　　　（4 個）
B_3 : 5, 3, 1, 6, 4, 2,　　　　　（6 個）
$\vdots$　　　　　　　　　　　　　　$\vdots$
B_{m-1} : $2m-3,\ \cdots\ \ \ \ \ \ ,\ 4,\ 2,$　（$2(m-1)$ 個）
B_m : $2m-1,\ \cdots,\ a_{150},\ \cdots,\ 4,\ 2$　（$2m$ 個）

$m \geqq 2$ であり，項の個数に注目すると

$$2 + 4 + 6 + \cdots + 2(m-1) < 150 \leqq 2 + 4 + 6 + \cdots + 2m$$

$$\therefore\ (m-1)m < 150 \leqq m(m+1)$$

この条件を満たす 2 以上の整数 m はただ 1 つ存在することと，$11 \cdot 12 = 132$，$12 \cdot 13 = 156$ から

△ の部分の項の個数が
$2 + 4 + 6 + \cdots + 2(m-1)$
の部分の項の個数が
$2 + 4 + 6 + \cdots + 2m$
です．なお
$2 + 4 + 6 + \cdots + 2m$
$= 2(1 + 2 + 3 + \cdots + m)$
$= 2 \cdot \dfrac{m(m+1)}{2}$
となります．

$$m=12$$

よって a_{150} は B_{12} に含まれる．また，B_{12} の最後の項は a_{156} である．

$$B_{12} : \cdots,\ 16,\ 14,\ 12,\ 10,\ 8,\ 6,\ 4,\ 2$$
$$\qquad\qquad\qquad\ (a_{150})\qquad\qquad\qquad\ (a_{156})$$

B_{12} の末尾は上のようになるので

$$a_{150}=14 \qquad \cdots\text{(答)}$$

(2) B_m に含まれる項の和を S_m とする．(1) により

$$\begin{aligned}
T &= a_1+a_2+a_3+\cdots+a_{150} \\
&= (a_1+a_2+\cdots+a_{156})-(a_{151}+a_{152}+\cdots+a_{156}) \\
&= (S_1+S_2+\cdots+S_{12})-(12+10+8+\cdots+2) \quad \cdots\text{①}
\end{aligned}$$

B_m に含まれる項を小さい順に並べ替えると

$$1,\ 2,\ 3,\ 4,\ \cdots,\ 2m-1,\ 2m$$

となるので

$$S_m=\frac{2m(2m+1)}{2}=2m^2+m$$

したがって，① により

$$\begin{aligned}
T &= \sum_{m=1}^{12}(2m^2+m)-2(1+2+3+\cdots+6) \\
&= 2\cdot\frac{12\cdot 13\cdot 25}{6}+\frac{12\cdot 13}{2}-2\cdot\frac{6\cdot 7}{2} \\
&= 1300+6\cdot 13-6\cdot 7=1336 \qquad \cdots\text{(答)}
\end{aligned}$$

> 第 150 項は B_{12} の後半にあるので，B_{12} の最後までの和を求めて，それから第 151 項以降の和を除くのがよいでしょう．

> $\begin{cases} A_{2m-1} : 2m-1,\cdots,\ 3,\ 1, \\ A_{2m}\ \ :2m,\ \cdots\cdots,\ 4,\ 2 \end{cases}$
> には 1 から $2m$ までの整数が 1 回ずつ現れます．

練習 33

数列 $\{a_n\} : 1,\ 3,\ 5,\ 7,\ 9,\ \cdots$ において，前から 2^1 個の項を取って A_1 とし，数列 $\{a_n\}$ の残った項において，前から 2^2 個の項を取って A_2 とする．これを続けて，数列 $\{a_n\}$ から 2^m 個の項を取って A_m を作る．ただし，$m=1,\ 2,\ 3,\ \cdots$ である．

(1) A_m の最後の項を m を用いて表せ． (2) A_m に含まれる項の総和を求めよ．

例題34

xy 平面上で,$x \geqq 0$,$y \geqq 0$ の表す領域にある格子点に右の図のように 1 から順に番号(○の中の数字)をつけていく.ただし,x 座標,y 座標がともに整数である点を格子点という.

(1) 点 $(6, 4)$ につけられる番号を求めよ.

(2) 番号が 1000 である点の座標を求めよ.

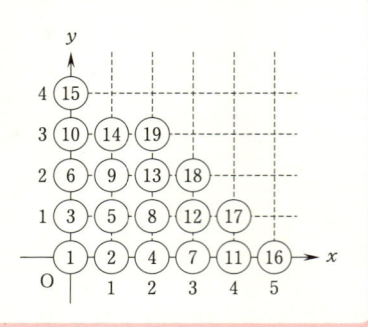

考え方 傾き -1 の直線上に並んだ格子点を 1 つの組と考えます.

これらの組を直線の y 切片が小さい順に A_1,A_2,A_3,… とすると,A_k には k 個の格子点が含まれます.さらに A_1,A_2,…,A_n に含まれる格子点は右図の網目の部分にありますから,この三角形上の格子点の個数は $1+2+3+\cdots+n$ で計算できます.

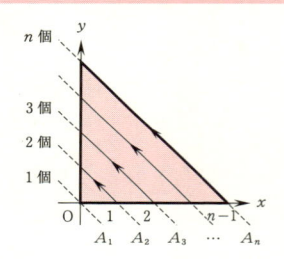

【解答】

k は自然数であるとする.

$$x+y=k-1, \quad x \geqq 0, \quad y \geqq 0 \quad \cdots ①$$

を満たす k 個の格子点をまとめて A_k とおく.A_1,A_2,A_3,… の順に含まれる格子点に番号がつけられ,各 A_k の中では y 座標が小さい順に番号がつけられる.

(1) 点 $(6, 4)$ については ① から $k=11$ となる.y 座標が 4 であることと合わせて

「点 $(6, 4)$ は A_{11} の 5 番目である.」

A_1,A_2,…,A_{10} に全部で $1+2+\cdots+10=55$ 個の格子点が含まれ,さらに $55+5=60$ であるから

「点 $(6, 4)$ の番号は 60 である.」 …(答)

(2) 番号が 1000 である点が A_n に含まれるとする.

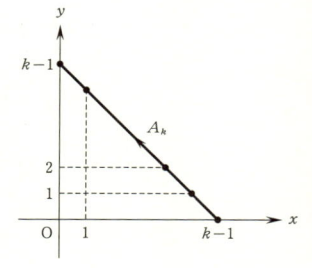

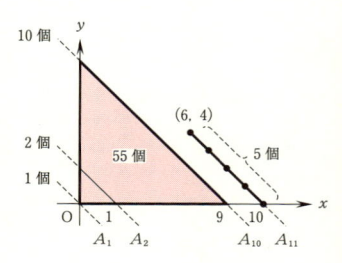

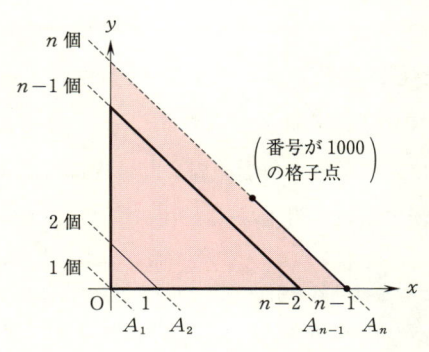

$n \geqq 2$ であり，格子点の個数に注目すると

$$1+2+\cdots+(n-1) < 1000 \leqq 1+2+\cdots+n$$

$$\therefore \quad \frac{(n-1)n}{2} < 1000 \leqq \frac{n(n+1)}{2}$$

$\dfrac{44 \cdot 45}{2} = 990$, $\dfrac{45 \cdot 46}{2} = 1035$ であることから

$$n = 45$$

A_1, A_2, $\cdots$, A_{44} に全部で 990 個の格子点が含まれ，$1000 - 990 = 10$ であるので

「番号 1000 の点は A_{45} の 10 番目である.」

その座標を (x, y) とすると，① などから

$$x + y = 44 \text{ かつ } y = 9$$

したがって，$x = 35$ となって

「番号 1000 の点の座標は $(35, 9)$」 …（答）

▷ △ の格子点の個数は
$1+2+3+\cdots+(n-1)$

▷ ▲ の格子点の個数は
$1+2+3+\cdots+n$

となります．これらと 1000 を比較します．

▷ $(n-1)n < 2000 \leqq n(n+1)$
となるので，連続する 2 つの整数の積と 2000 を比較します．連続する 2 整数の代わりに，とりあえず
$$x^2 = 2000 \ (x > 0)$$
として，$x = 20\sqrt{5} = 44.7\cdots$ を求めておくと，$n = 44, 45$ などが最初の不等式の解の候補になります．

練習 34

xy 平面上で，$x \geqq 0$，$y \geqq 0$ の表す領域にある格子点に，右の図のように 1 から順に番号（○の中の数字）をつけていく．

(1) n を自然数とする．点 $(0, n)$ につけられる番号を求めよ．

(2) 番号が 500 である格子点の座標を求めよ．

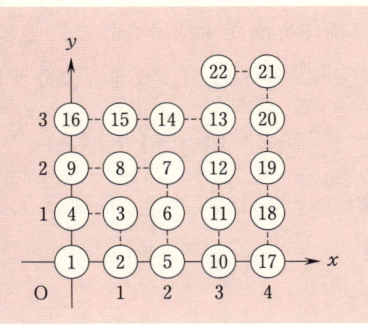

例題35

xy 平面上で，x 座標，y 座標がともに整数である点を格子点という．n は自然数であるとして，次の条件を満たす格子点の総数を求めよ．

(1) 3 点 $(0, 0)$，$(n, 0)$，$(0, n)$ を頂点とする三角形の周または内部にある．

(2) 不等式 $x^2 \leqq y \leqq -x^2 + 2nx$ の表す領域 D 上にある．

考え方 $x=$（一定）もしくは $y=$（一定）という補助線を引いて，その補助線の上にある格子点の個数を求め，加え合わせていきます．どちらの補助線がよいかは，図を描いて考えてください．

【解答】

(1)

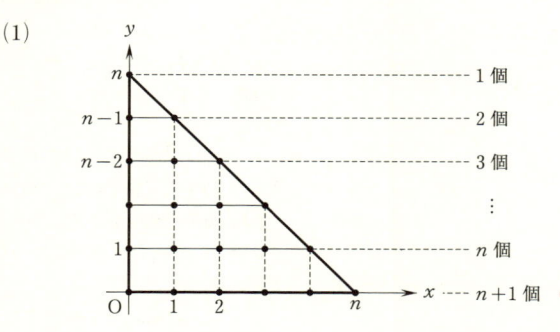

条件を満たす格子点のうち，$n+1$ 本の直線

$$y=n,\ y=n-1,\ y=n-2,\ \cdots,\ y=0$$

上にあるものの個数を順に並べると

$$1,\ 2,\ 3,\ \cdots,\ n+1 \quad \cdots(*)$$

となる．2 点 $(0, n)$，$(n, 0)$ を結ぶ直線の傾きは -1 であるので，$(*)$ の数列は公差が 1 の等差数列となる．条件を満たす格子点はこの他にはないので，$(*)$ を加えることにより，条件を満たす格子点の総数は

$$1+2+3+\cdots+(n+1)=\frac{(n+1)(n+2)}{2} \quad \cdots\text{（答）}$$

> x 軸上にある●の x 座標は，小さい方から
> $$0,\ \underbrace{1,\ 2,\ 3,\ \cdots,\ n}_{\text{（これで } n \text{ 個）}}$$
> となり，x 軸上に●は $n+1$ 個あります．

> $\sum_{k=1}^{n} k = \dfrac{n(n+1)}{2}$ という公式の n を $n+1$ に書き直した式です．

(2) xy 平面上で次の 2 曲線を考える．

$$y = x^2 \quad \cdots\text{①}$$
$$y = -x^2 + 2nx \quad \cdots\text{②}$$

2曲線 ①, ② の交点は $(0, 0)$, (n, n^2) であり, D は次の網目の部分（境界を含む）となる.

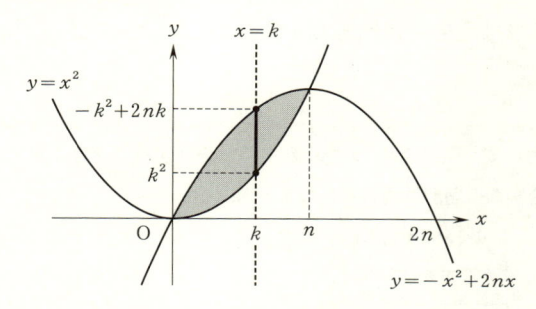

D の格子点は $0 \leqq x \leqq n$ を満たす. そこで
$$\text{直線} \quad x = k \quad (k = 0, 1, 2, \cdots, n) \quad \cdots ③$$
を考える.
$$\begin{cases} ①, ③ \text{から} & y = k^2 \\ ②, ③ \text{から} & y = -k^2 + 2nk \end{cases}$$
を得るので, D の格子点で直線 ③ 上にあるものは
$$(-k^2 + 2nk) - k^2 + 1 = -2k^2 + 2nk + 1 \text{ 個}$$
存在する. $k = 0, 1, 2, \cdots, n$ について加えることにより, D 上にある格子点の総数は

$$\sum_{k=0}^{n}(-2k^2 + 2nk + 1) = 1 + \sum_{k=1}^{n}(-2k^2 + 2nk + 1)$$
$$= 1 - 2 \cdot \frac{n(n+1)(2n+1)}{6} + 2n \cdot \frac{n(n+1)}{2} + n$$
$$= \frac{n+1}{3}\{3 - (2n^2 + n) + 3n^2\}$$
$$= \frac{(n+1)(n^2 - n + 3)}{3} \quad \cdots \text{(答)}$$

> ┃ の線分の長さは
> $$(-k^2 + 2nk) - k^2$$
> です. 長さ 1 について 1 個ずつ格子点があり, 上端と下端が D の格子点ですから,
> （長さ）+1 個
> が線分上の D の格子点の個数です.

> $k = 0$ から $k = n$ までの和なので
> $$\begin{cases} k = 0 \text{ のときの値,} \\ 1 \text{ から } n \text{ までの和} \end{cases}$$
> に分けます.

練習 35

n を自然数とする. 次の不等式を満たす格子点の個数を求めよ.
$$0 \leqq y \leqq n^2 - x^2$$

第 5 節　2 次元に広がる数列

例題36

n は自然数であるとする．1辺の長さが $2n$ で，他の2辺の長さがともに $2n$ 以下の自然数であるような三角形は全部で何個あるか．ただし，合同な三角形は同じとみなすものとする．

考え方 3辺の長さを x, y, $2n$ とおいて，整数の組 (x, y) がいくつ存在するかを考えます．ただし，最も長い辺の長さが $2n$ で，合同な三角形は同じとみなすので，

$$0 < x \leqq y \leqq 2n$$

とします．さらに，次の事実に注目して不等式を作ります．

> 3辺の長さが x, y, z である三角形が存在する条件は
> $$\begin{cases} x+y>z \\ y+z>x \\ z+x>y \end{cases}$$
> が成り立つことである．ただし，最も長い辺の長さが z である場合は
> $$x+y>z$$

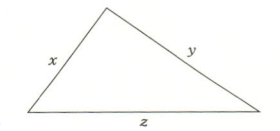

得られた不等式が xy 平面上で表す領域を考えて，その領域上にある格子点 (x, y) の個数を求めます．

【解答】

三角形の3辺の長さを x, y, $2n$ (x, y は自然数) とする．与えられた条件により

$$\begin{cases} 0 < x \leqq y \leqq 2n \\ x+y > 2n \end{cases} \quad \cdots (*)$$

が成り立つとしてよい．xy 平面上で $(*)$ が表す領域は次の網目の部分（ただし境界は直線 $x+y=2n$ 上を含まず，他の境界は含む）である．

> 下の2つの三角形は同じとみなす（1つと数える）ので
> $$x \leqq y$$
> として個数を数えます．

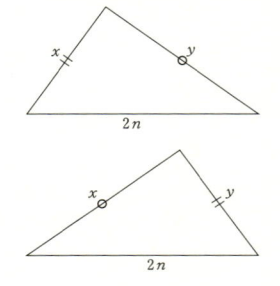

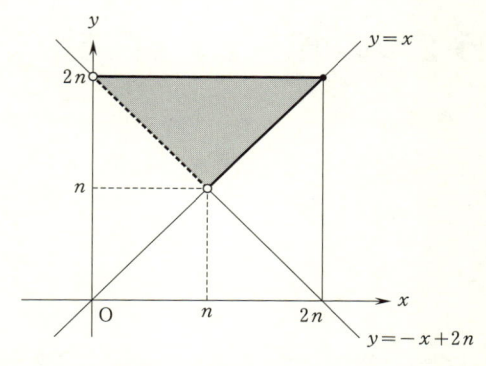

(∗) を満たす自然数の組 (x, y) のうち，n 本の直線

$$y = n+1, \ y = n+2, \ y = n+3, \ \cdots, \ y = 2n$$

上にあるものの個数を順に並べると

$$2, \ 4, \ 6, \ \cdots, \ 2n \quad \cdots (**)$$

となる．$y = x$ の傾きが 1 で，$y = -x + 2n$ の傾きが -1 であるので，(∗∗) は公差が 2 の等差数列となる．(∗∗) を加えると

$$2 + 4 + 6 + \cdots + 2n = 2(1 + 2 + 3 + \cdots + n)$$
$$= 2 \cdot \frac{n(n+1)}{2}$$

(∗) を満たす自然数の組 (x, y) は他にはないので，

「条件を満たす三角形は $n(n+1)$ 個ある．」 …(答)

> 横に並ぶ格子点の個数に注目し，これらを下から加えていきます．

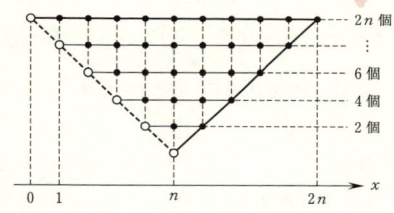

練習 36

n は自然数であるとする．2 辺の長さが $4n$，$6n$ である長方形の部屋がある．

x, y は $x \leq y < 4n$ を満たす自然数であるとする．たてが x，横が y である長方形状の机 2 つ（灰色の部分）をこの部屋に右の図のように置く．2 つの机が重なってしまう（共有点をもってしまう）ような自然数の組 (x, y) の総数を求めよ．

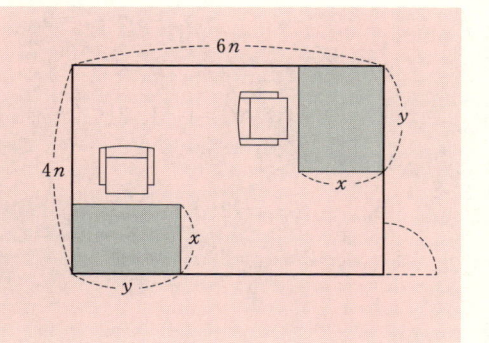

第6節 隣り合う2つの項の関係を探る

例題37

$a_1=1$, $b_1=-1$ である数列 $\{a_n\}$, $\{b_n\}$ がすべての自然数 n に対して

$$\begin{cases} a_{n+1}= a_n+2b_n & \cdots ① \\ b_{n+1}=-a_n+4b_n & \cdots ② \end{cases}$$

を満たしている.

(1) $a_{n+1}+\alpha b_{n+1}=\beta(a_n+\alpha b_n)$ $(n=1, 2, 3, \cdots)$ が成り立つような実数の定数の組 (α, β) を2つ求めよ.

(2) n を用いて a_n と b_n を表せ.

考え方 ①+②$\times \alpha$ を作って,その右辺が (1) の等式の右辺に一致するような α, β を求めます.
(2) では数列 $\{a_n+\alpha b_n\}$ が公比が β の等比数列であることを利用します.

【解答】

(1) ①+②$\times \alpha$ を作ると

$$a_{n+1}+\alpha b_{n+1}=(1-\alpha)a_n+(2+4\alpha)b_n$$

この右辺が $\beta(a_n+\alpha b_n)$ に一致するには

$$\begin{cases} a_n \text{の係数について} & \beta=1-\alpha \\ b_n \text{の係数について} & \alpha\beta=2+4\alpha \end{cases}$$

が成り立てばよい. β を消去して

$$\alpha(1-\alpha)=2+4\alpha$$

$$\therefore \quad \alpha^2+3\alpha+2=0$$

$\alpha=-1, -2$ となり,$\beta=1-\alpha$ により

$$(\alpha, \beta)=(-1, 2), (-2, 3) \quad \cdots \text{(答)}$$

$\begin{cases}(1-\alpha)a_n+(2+4\alpha)b_n \\ \beta a_n+\alpha\beta b_n\end{cases}$
が一致する α, β を探します.

(2) (1) の結果により

$$\begin{cases} a_{n+1}- b_{n+1}=2(a_n- b_n) \\ a_{n+1}-2b_{n+1}=3(a_n-2b_n) \end{cases} \quad (n=1, 2, 3, \cdots)$$

α の値に注目して
①−② と ①−②$\times 2$
を作っても同じです.

したがって，数列 $\{a_n-b_n\}$ は公比が 2 の等比数列，数列 $\{a_n-2b_n\}$ は公比が 3 の等比数列となり，

$$\begin{cases} a_n-\ b_n=2^{n-1}(a_1-\ b_1)=2^n \\ a_n-2b_n=3^{n-1}(a_1-2b_1)=3^n \end{cases}$$

これから a_n, b_n を求めると

$$\begin{cases} a_n=2^{n+1}-3^n \\ b_n=2^n\ \ \ -3^n \end{cases} (n=1,\ 2,\ 3,\ \cdots) \ \cdots\text{(答)}$$

n	1	2	3	4	5
a_n	1	-1	-11	-49	-179
b_n	-1	-5	-19	-65	-211
a_n-b_n	2	4	8	16	32
a_n-2b_n	3	9	27	81	243

> a_n と b_n の連立方程式と見て，辺々引くと a_n が消去されます．また
> $$\begin{array}{r} 2a_n-2b_n=2\cdot 2^n \\ -)\ \ a_n-2b_n=3^n \\ \hline a_n=2\cdot 2^n-3^n \end{array}$$

《参考》

(i) ①－② を作ると $a_{n+1}-b_{n+1}=2(a_n-b_n)$ となって，数列 $\{a_n-b_n\}$ は公比が 2 の等比数列とわかります．
そこで
$$a_n-b_n=2^{n-1}(a_1-b_1)=2^n$$
から $b_n=a_n-2^n$ を導いて ① に代入すると
$$a_{n+1}=3a_n-2^{n+1} \quad (n=1,\ 2,\ 3,\ \cdots)$$
これから a_n と b_n を求めることもできます．

> 両辺を 2^{n+1} で割り
> $$\frac{a_{n+1}}{2^{n+1}}=\frac{3}{2}\cdot\frac{a_n}{2^n}-1$$
> $$\frac{a_n}{2^n}=x_n \quad (n=1,\ 2,\ \cdots)$$
> とおいて
> $$x_{n+1}=\frac{3}{2}x_n-1$$
> これから $x_n=2-\left(\dfrac{3}{2}\right)^n$ が導けます．

(ii) ② から $a_n=-b_{n+1}+4b_n$
n を $n+1$ に書き直して $a_{n+1}=-b_{n+2}+4b_{n+1}$
この 2 式を ① に代入して整理すると
$$b_{n+2}-5b_{n+1}+6b_n=0 \quad (n=1,\ 2,\ 3,\ \cdots)$$
となるので，これから b_n と a_n を求めることもできます．

> $$\begin{cases} b_{n+2}-2b_{n+1}=3(b_{n+1}-2b_n) \\ b_{n+2}-3b_{n+1}=2(b_{n+1}-3b_n) \end{cases}$$
> となることを用います．

練習 37　$a_1=4$, $b_1=2$ である数列 $\{a_n\}$, $\{b_n\}$ がすべての自然数 n に対して
$$\begin{cases} a_{n+1}=2a_n+\ b_n \\ b_{n+1}=\ \ a_n+2b_n \end{cases}$$
を満たしている．数列 $\{a_n\}$, $\{b_n\}$ の一般項を求めよ．

例題38

次の条件を満たす数列 $\{a_n\}$ がある.
$$a_1=4, \quad a_{n+1}=\frac{4a_n-2}{a_n+1} \quad (n=1,\ 2,\ 3,\ \cdots)$$

(1) 方程式 $x=\dfrac{4x-2}{x+1}$ の2つの実数解を $\alpha,\ \beta\ (\alpha<\beta)$ とする.

$x_n=\dfrac{a_n-\beta}{a_n-\alpha}\ (n=1,\ 2,\ 3,\ \cdots)$ により数列 $\{x_n\}$ を定める. x_{n+1} を x_n を用いて表せ. ただし, すべての自然数 n に対して $a_n+1\neq0,\ a_n-\alpha\neq0$ であることは証明なしに用いてよい.

(2) 数列 $\{a_n\}$ の一般項を求めよ.

考え方 方程式の両辺に $x+1$ を掛けて2次方程式を作ります. 漸化式の両辺から α の値を引いた式と β の値を引いた式を作って, 2つの式の比をとると, 数列 $\{x_n\}$ の漸化式ができます.

【解答】

(1) x の方程式の両辺に $x+1$ を掛けて
$$x(x+1)=4x-2$$
$$\therefore\ x^2-3x+2=0$$

これを解くことにより $\alpha=1,\ \beta=2$ となって
$$x_n=\frac{a_n-2}{a_n-1}\quad(n=1,\ 2,\ 3,\ \cdots)\qquad\cdots\text{①}$$

そこで, $a_{n+1}=\dfrac{4a_n-2}{a_n+1}$ の両辺から2を引いた式と, 1を引いた式を作ると

$$\begin{cases}a_{n+1}-2=\dfrac{(4a_n-2)-2(a_n+1)}{a_n+1}=\dfrac{2(a_n-2)}{a_n+1}\\ a_{n+1}-1=\dfrac{(4a_n-2)-(a_n+1)}{a_n+1}=\dfrac{3(a_n-1)}{a_n+1}\end{cases}\cdots\text{②}$$

これら2式の比をとると
$$\frac{a_{n+1}-2}{a_{n+1}-1}=\frac{2}{3}\cdot\frac{a_n-2}{a_n-1}\quad(n=1,\ 2,\ 3,\ \cdots)$$

②とその上の式から
$$\frac{a_{n+1}-2}{a_{n+1}-1}=\frac{\dfrac{2(a_n-2)}{a_n+1}}{\dfrac{3(a_n-1)}{a_n+1}}$$
を作り, 右辺を整理しました.

が導かれるので，① を代入して

$$x_{n+1} = \frac{2}{3}x_n \quad (n=1, 2, 3, \cdots) \quad \cdots \text{(答)}$$

(2) (1)から数列 $\{x_n\}$ は公比が $\frac{2}{3}$ の等比数列となって

$$x_n = \left(\frac{2}{3}\right)^{n-1} x_1$$

$a_1 = 4$ と ① から $x_1 = \frac{2}{3}$ を得るので

$$x_n = \left(\frac{2}{3}\right)^n \quad (n=1, 2, 3, \cdots)$$

したがって，① は $\dfrac{a_n - 2}{a_n - 1} = \dfrac{2^n}{3^n}$ となって

$$3^n(a_n - 2) = 2^n(a_n - 1)$$

$$\therefore \quad (3^n - 2^n)a_n = 2 \cdot 3^n - 2^n$$

n が自然数のとき $3^n \neq 2^n$ であるから

$$a_n = \frac{2 \cdot 3^n - 2^n}{3^n - 2^n} \quad (n=1, 2, 3, \cdots) \quad \cdots \text{(答)}$$

> $n = 1, 2, 3, \cdots$ のとき 3^n は奇数，2^n は偶数なので $3^n \neq 2^n$ です．

《参考》

② から「$a_n > 1$ ならば $a_{n+1} > 1$」であることがわかります．$a_1 > 1$ であるので，数学的帰納法により

「すべての自然数 n に対して $a_n > 1$」

となって，$a_n + 1 \neq 0$，$a_n - 1 \neq 0$ です．

なお**練習22**も参考にしてください．

練習 38

$a_1 = \dfrac{2}{3}$，$a_{n+1} = \dfrac{2a_n}{a_n + 1}$ $(n=1, 2, 3, \cdots)$ を満たす数列 $\{a_n\}$ の一般項を求めよ．

例題39

一方の面が白，他方の面が黒である円板が1枚あり，最初は白の面が上になっている．この円板に次の操作を繰り返す．

「1個のサイコロを振り，1か2の目が出たら円板の上下を逆にし，3以上の目が出たらそのまま置いておく．」

n を自然数とし，n 回目の操作を終えたときに円板の白い面が上になっている確率を p_n とする．p_n を n で表せ．

(考え方) 直接 p_n を求めるのはたいへんなので，数列 $\{p_n\}$ の漸化式（つまり p_{n+1} と p_n の関係式）を導いて，それから p_n を求めます．p_n の定義から

$$\begin{cases} n+1 \text{ 回目の操作を終えたときに白い面が上である確率が } p_{n+1}, \\ n \text{ 回目の操作を終えたときに黒い面が上である確率は } 1-p_n \end{cases}$$

であることにも注意してください．～～の事象について分析を行います．

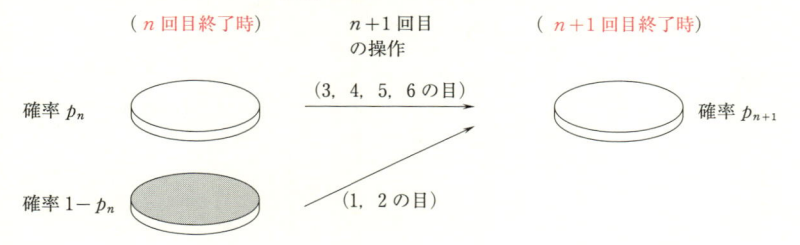

【解答】

$n+1$ 回目の操作を終えて白い面が上であるのは，次のいずれかの場合である．

n 回目終了時の円板の状態	$n+1$ 回目のサイコロの目	確 率
白い面が上	3, 4, 5, 6	$p_n \times \dfrac{4}{6}$
黒い面が上	1, 2	$(1-p_n) \times \dfrac{2}{6}$

n 回目が終わって黒い面が上になっている確率に，サイコロの目が2以下である確率を掛け合わせます．

これらの確率の合計が p_{n+1} であるから

$$p_{n+1} = \frac{2}{3}p_n + \frac{1}{3}(1-p_n)$$

∴ $p_{n+1} = \frac{1}{3}p_n + \frac{1}{3}$ $(n=1, 2, 3, \cdots)$

> $\alpha = \frac{1}{3}\alpha + \frac{1}{3}$ を満たす α を用いて
> $p_{n+1} - \alpha = \frac{1}{3}(p_n - \alpha)$
> と変形します. α の値は $\frac{1}{2}$ です.

したがって, $p_{n+1} - \frac{1}{2} = \frac{1}{3}\left(p_n - \frac{1}{2}\right)$ となって, 数列 $\left\{p_n - \frac{1}{2}\right\}$ は公比が $\frac{1}{3}$ の等比数列である. よって

$$p_n - \frac{1}{2} = \left(\frac{1}{3}\right)^{n-1}\left(p_1 - \frac{1}{2}\right) \quad (n=1, 2, 3, \cdots)$$

1回目の操作を考えると $p_1 = \frac{2}{3}$ を得るから

> 最初は白い面が上なので, 1回目の操作を終えて白い面が上にあるのはサイコロの目が 3, 4, 5, 6 の場合で, その確率が p_1 です.

$$p_n - \frac{1}{2} = \left(\frac{1}{3}\right)^{n-1} \times \frac{1}{6} = \frac{1}{2} \cdot \left(\frac{1}{3}\right)^n$$

∴ $p_n = \frac{1}{2}\left(1 + \frac{1}{3^n}\right)$ $(n=1, 2, 3, \cdots)$ …(答)

練習 39

十分大きな 2 つの容器 A, B があり, 最初は水が 1 リットルずつ入っている.

「A に入っている水の半分を B へ移し, 続けて
B に入っている水の半分を A へ移す」

ことを 1 回の操作とし, n 回目の操作を終えたときに容器 A に a_n リットル, 容器 B に $2 - a_n$ リットルの水が入っているとする.

(1) a_1 を求めよ.
(2) a_{n+1} を a_n を用いて表せ（下の図を利用するとよい）.
(3) a_n を n を用いて表せ.

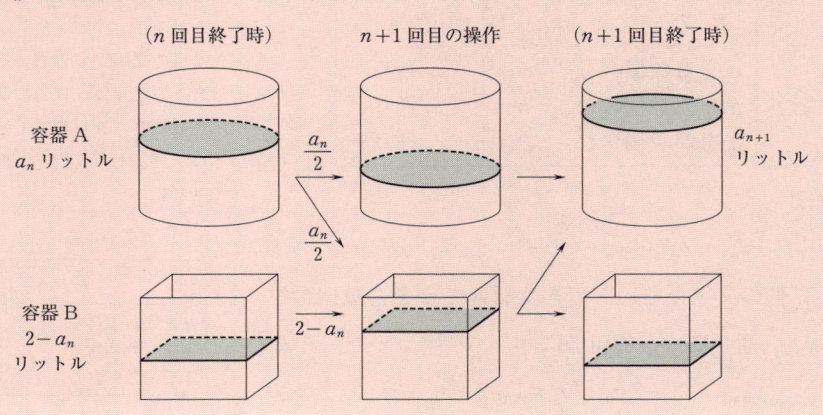

第 6 節　隣り合う 2 つの項の関係を探る

例題40

a, b, c の 3 文字を全部で n 個並べてできる順列を考える．ただし，同じ文字を何回用いてもよいし，使わない文字があってもよい．このような順列のうち，中に含む文字 a の個数が偶数であるものが全部で x_n 通りあるとする．n を用いて x_n を表せ．

考え方　「a の個数が偶数」と言ってもいろいろな場合があるので，x_n を直接求めるのは困難のようです．そこで，数列 $\{x_n\}$ の漸化式を作ることを考えます．

$$\begin{cases} n \text{ 個文字が並ぶ順列で } a \text{ を偶数個含むものが全部で } x_n \text{ 通りあり,} \\ n+1 \text{ 個文字が並ぶ順列で } a \text{ を偶数個含むものが全部で } x_{n+1} \text{ 通りある} \end{cases}$$

ことに注意して，x_{n+1} と x_n の関係を考えます．について，最後の $n+1$ 番目の文字に注目して分析するとよいでしょう．

【解答1】

自然数 n に対して，a, b, c を全部で n 個並べてできる順列で

$$\begin{cases} a \text{ を偶数個含むものが } x_n \text{ 通り,} \\ a \text{ を奇数個含むものが } y_n \text{ 通り} \end{cases}$$

あるとする．$n+1$ 個の文字を並べてできる順列で，a を偶数個含むもの x_{n+1} 通りを，$n+1$ 番目の文字で分類すると次の表を得る．

順番	1 2 ⋯ n	$n+1$	順列の個数
文字	a を奇数個含む	a	y_n 通り
	a を偶数個含む	b	x_n 通り
	a を偶数個含む	c	x_n 通り

> この表では「$n+1$ 文字の順列で a を偶数個含む」ものだけを考えています．$n+1$ 番目の文字が a なら，n 番目までの部分に a は奇数個含まれることになります．そのような順列は全部で y_n 通りあります．

したがって，

$$x_{n+1} = 2x_n + y_n \quad (n=1, 2, 3, \cdots) \quad \cdots ①$$

$n+1$ 個の文字を並べてできる順列で a を奇数個含むもの y_{n+1} 通りについて同様に

$$y_{n+1} = x_n + 2y_n \quad (n=1, 2, 3, \cdots) \quad \cdots ②$$

a を奇数個含む

	1 2 ⋯ n	$n+1$	個数
文字	a を偶数個含む	a	x_n
	a を奇数個含む	b	y_n
	a を奇数個含む	c	y_n

①+② と ①−② を作ると
$$\begin{cases} x_{n+1}+y_{n+1}=3(x_n+y_n) \\ x_{n+1}-y_{n+1}=x_n-y_n \end{cases}$$

よって，数列 $\{x_n+y_n\}$ は公比が 3 の等比数列で，数列 $\{x_n-y_n\}$ には一定の値が並ぶ．$\underline{x_1=2,\ y_1=1}$ と合わせて

> 1個の文字の順列は
> a と b と c
> の3通りで，a を0個（偶数個）含むものが2つあります．

$$\begin{cases} x_n+y_n=3^{n-1}(x_1+y_1)=3^n \\ x_n-y_n=\phantom{3^{n-1}(}x_1-y_1=1 \end{cases}$$

$\therefore\ x_n=\dfrac{3^n+1}{2}\quad (n=1,\ 2,\ 3,\ \cdots)\quad \cdots$（答）

> x_n と y_n の連立方程式と見て，x_n を求めます．
> なお，$y_n=\dfrac{3^n-1}{2}$ です．

【解答2】

$a,\ b,\ c$ を全部で n 個並べてできる順列は全部で 3^n 通りある．そこで，$n+1$ 個の文字を並べてできる順列で，a を偶数個含むもの x_{n+1} 通りを，$n+1$ 番目の文字で分類すると次の表を得る．

> 【解答1】の
> $x_n+y_n=3^n$
> に相当します．

順番	1 2 $\cdots$ n	$n+1$	順列の個数
文字	a を奇数個含む	a	3^n-x_n 通り
	a を偶数個含む	b	x_n 通り
	a を偶数個含む	c	x_n 通り

> n 個の文字を並べた順列で，a を奇数個含むものは全部で 3^n-x_n 通りあります．

したがって
$$x_{n+1}=(3^n-x_n)+2x_n$$
$\therefore\ x_{n+1}-x_n=3^n\quad (n=1,\ 2,\ 3,\ \cdots)$

この両辺を 3^{n+1} で割るか，数列 $\{x_n\}$ の階差数列に注目することで，一般項を求めることができる．

練習 40

1つのサイコロを n 回振るとき，6の目が偶数回出る確率を p_n とする．
(1) p_{n+1} を p_n で表せ．　　(2) p_n を n で表せ．

第6節　隣り合う2つの項の関係を探る

例題41

1，2，3 の 3 種類の数字を横一列に並べて n 桁の整数を作る．ただし，同じ数字を繰り返し用いてよく，使わない数字があってもよい．このようにしてできる n 桁の整数のうち，2 以上の数字が連続しない（つまり，2 と 2，3 と 3，2 と 3 が連続しない）ものが全部で a_n 通りあるとする．

(1) a_{n+2} を a_{n+1}，a_n を用いて表せ． (2) a_n を n を用いて表せ．

考え方
$\begin{cases} n \text{ 桁の整数で 2 以上の数字が連続しないものが } a_n \text{ 通り,} \\ n+1 \text{ 桁の整数で 2 以上の数字が連続しないものが } a_{n+1} \text{ 通り,} \\ n+2 \text{ 桁の整数で 2 以上の数字が連続しないものが } a_{n+2} \text{ 通り} \end{cases}$

あります．＿＿を満たす整数を，その右端（$n+2$ 番目）の数字が何であるかで分類して，残りの $n+1$ 個の数字の並び方が何通りあるか考えます．

右の A の部分には，「2 以上の数字が連続しない $n+1$ 個の並び」であればどんなものでも入ることができますが，B の部分はそうではありません．$n+1$ 番目が 2，3 だと条件に反するからです．B の $n+1$ 番目は 1 に限られます．そこで図を⇩のように改めます．B' の部分には，「2 以上の数字が連続しない n 個の並び」であればどんなものでも入ることができます．

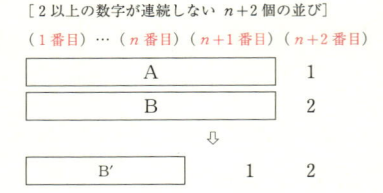

[2 以上の数字が連続しない $n+2$ 個の並び]
(1 番目) … (n 番目) ($n+1$ 番目) ($n+2$ 番目)

| A | | 1 |
| B | | 2 |

⇩

| B' | 1 | 2 |

【解答】

1，2，3 の 3 種類の数字を並べてできる整数で

「2 以上の整数が連続しない」 …(*)

ものについて考える．

(1) $n+2$ 桁の整数で(*)を満たすもの a_{n+2} 通りを，右端の数で分類すると次のようになる．

順番	1	2	3	…	n	$n+1$	$n+2$	並び方
数字	((*)を満たす $n+1$ 桁の数)						1	a_{n+1}
	((*)を満たす n 桁の数)					1	2	a_n
	((*)を満たす n 桁の数)					1	3	a_n

$n+2$ 番目が 2 であれば，(*)により $n+1$ 番目は 1 に限られます．残りの部分は(*)を満たすよう n 個の数が並ぶので，a_n 通りの並び方があります．

並び方の合計について
$$a_{n+2}=a_{n+1}+2a_n \quad (n=1, 2, 3, \cdots) \cdots (答)$$

> 2次方程式 $x^2=x+2$ の2解 α, β を用いて，漸化式を
> $$a_{n+2}-\alpha a_{n+1}=\beta(a_{n+1}-\alpha a_n)$$
> と変形します．
> $(x-2)(x+1)=0$ から
> $(\alpha, \beta)=(-1, 2), (2, -1)$
> となります．

(2) (1)で得た漸化式は
$$\begin{cases} a_{n+2}+\ a_n=2(a_{n+1}+a_n) \\ a_{n+2}-2a_{n+1}=-(a_{n+1}-2a_n) \end{cases}$$

と変形されるので，数列 $\{a_{n+1}+a_n\}$ は公比が 2 の等比数列で，数列 $\{a_{n+1}-2a_n\}$ は公比が -1 の等比数列となる．よって

$$\begin{cases} a_{n+1}+\ a_n=\ 2^{n-1}(a_2+a_1) \\ a_{n+1}-2a_n=(-1)^{n-1}(a_2-2a_1) \end{cases} \cdots ①$$

1桁の整数 1, 2, 3 は (*) を満たすので $a_1=3$

2桁の整数で (*) を満たすのは 11, 12, 13, 21, 31 であるから $a_2=5$

したがって，① から
$$\begin{cases} a_{n+1}+\ a_n=2^{n+2} \\ a_{n+1}-2a_n=(-1)^n \end{cases}$$

となって，辺々引いて 3 で割ると
$$a_n=\frac{2^{n+2}-(-1)^n}{3} \quad (n=1, 2, 3, \cdots) \cdots (答)$$

練習 ㊶

s, i, m, p, l, e の 6 種類の文字を全部で n 個並べてできる順列のうち，子音字と子音字が隣り合わないものが全部で a_n 通りあるとする．ただし，同じ文字を繰り返し用いてよく，また使わない文字があってもよいものとする．

(1) a_{n+2} を a_{n+1} と a_n を用いて表せ．
(2) a_n を n を用いて表せ．

第 6 節 隣り合う 2 つの項の関係を探る

例題42

白球4個と赤球2個があり，さらにこれらを入れる2つの箱A, Bがある．最初は箱Aに赤球2個と白球1個が入っていて，箱Bに白球3個が入っている．この状態からはじめて，次の操作を繰り返す．

「箱Aと箱Bから無作為に1個ずつ球を取り出し，Aから取り出した球をBへ，Bから取り出した球をAに入れる．」

このような操作をn回繰り返したとき，箱A，箱Bのどちらにも白球2個と赤球1個が入っている確率をp_nとする．

(1) p_{n+1}をp_nで表せ．　　　　(2) p_nをnで表せ．

考え方 1個の白球を〇，1個の赤球を●と表して，$n+1$回目の操作を考えます．

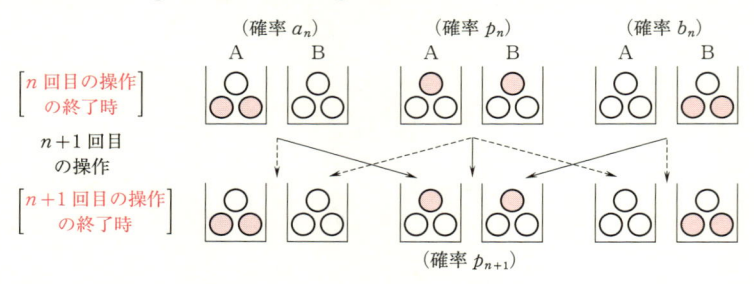

起こり得るすべての場合を考慮すると上の表ができます．この表で左上の状態となる確率をa_n，右上の状態となる確率をb_nとおいて，$n+1$回目の操作でA, Bから球を取り出す際の確率を考えると，p_{n+1}をp_n, a_n, b_nで表すことができます．さらにp_n, a_n, b_nの和が1（全事象の確率）であることを用いると，数列$\{p_n\}$の漸化式ができます．

【解答】

(1) 操作をn回繰り返したとき，

「箱Aに白球1個と赤球2個，箱Bに白球3個」

「箱Aに白球3個，箱Bに白球1個と赤球2個」

が入っている確率をそれぞれa_n, b_nとおく．さらにはじめの状態を考え，$a_0=1$, $p_0=b_0=0$と定める．

$n+1$回目の操作を終えて箱A，箱Bのどちらにも白球2個，赤球1個が入るのは，次の場合である．

		白球1個 赤球2個	白球2個 赤球1個	白球3個
n 回目終了 時の内訳	箱A	白球1個 赤球2個	白球2個 赤球1個	白球3個
	箱B	白球3個	白球2個 赤球1個	白球1個 赤球2個
$n+1$ 回目に 取り出す球	Aから	赤球	白球	赤球	白球
	Bから	白球	白球	赤球	赤球
確　率		$a_n \cdot \dfrac{2}{3} \cdot 1$	$p_n \cdot \left\{\left(\dfrac{2}{3}\right)^2 + \left(\dfrac{1}{3}\right)^2\right\}$	$b_n \cdot 1 \cdot \dfrac{2}{3}$

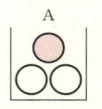

> $n+1$ 回目の操作を終えて
>
> A　　　B
>
> となるような球の取り方と確率を考えます．

これらの確率の和が p_{n+1} であるから

$$p_{n+1} = a_n \times \frac{2}{3} + p_n \times \left(\frac{4}{9} + \frac{1}{9}\right) + b_n \times \frac{2}{3}$$

$$= \frac{5}{9}p_n + \frac{2}{3}(a_n + b_n) \quad (n=0, 1, 2, \cdots)$$

> $a_n + b_n = 1 - p_n$ を代入して，数列 $\{p_n\}$ の漸化式を作ります．

$a_n + b_n + p_n = 1$ であるから

$$p_{n+1} = \frac{5}{9}p_n + \frac{2}{3}(1 - p_n) = -\frac{1}{9}p_n + \frac{2}{3}$$

$$\therefore \quad p_{n+1} - \frac{3}{5} = -\frac{1}{9}\left(p_n - \frac{3}{5}\right) \quad (n=0, 1, 2, \cdots)$$

> $\alpha = -\dfrac{1}{9}\alpha + \dfrac{2}{3}$ を満たす α を用いて
>
> $p_{n+1} - \alpha = -\dfrac{1}{9}(p_n - \alpha)$
>
> と変形します．

数列 $\left\{p_n - \dfrac{3}{5}\right\}$ $(n \geq 0)$ は公比 $-\dfrac{1}{9}$ の等比数列で

$$p_n - \frac{3}{5} = \left(-\frac{1}{9}\right)^n \left(p_0 - \frac{3}{5}\right) = -\frac{3}{5}\left(-\frac{1}{9}\right)^n$$

$$\therefore \quad p_n = \frac{3}{5}\left\{1 - \left(-\frac{1}{9}\right)^n\right\} \quad (n=0, 1, 2, \cdots) \cdots \text{（答）}$$

> p_0 を初項とすると p_n は $n+1$ 番目の項です．もちろん $p_1 = \dfrac{2}{3}$ を求めて，
>
> $p_n - \dfrac{3}{5} = \left(-\dfrac{1}{9}\right)^{n-1}\left(p_1 - \dfrac{3}{5}\right)$
>
> に代入しても構いません．

練習 42

右の図のような正八面体があり，動点 P は最初に頂点 N にあり，次の規則に従って移動を繰り返す．

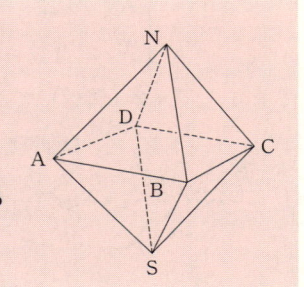

　「点 P がいる頂点に集まる4辺のうち1つを無作為に選び，その辺の反対側の頂点へ移動する．」

n 回目の移動を終えたとき，P が A，B，C，D のいずれかにある確率を p_n とする．p_n を求めよ．

例題43

3枚の硬貨を横一列に並べ，最初は表を上にして置いておく．

「3枚の硬貨の1つを無作為に選んで，
選んだ硬貨の上下をひっくり返す」

という操作を n 回繰り返したとき，表が上になっている硬貨が2枚，裏が上になっている硬貨が1枚ある確率を p_n とおく．m は自然数であるとする．

(1) $p_{2m}=0$ であることを示せ．　　(2) p_{2m+1} を p_{2m-1} で表せ．

(3) p_{2m-1} を m で表せ．

考え方　各回の操作で「表が上である硬貨の枚数」は1増えるか1減るかのどちらかですから，それは奇数 → 偶数 → 奇数 → 偶数 → … と変化し，$2m-1$ 回目の操作を終えたときの表の枚数は0か2で，$2m$ 回目の操作を終えたときの表の枚数は1か3のどちらかです．

並ぶ順番を考えず，表，裏の枚数だけに注目すると，$2m$ 回目と $2m+1$ 回目の操作により，状態は次のように変化します．網目が裏です．

【解答】

n 回目の操作を終えたとき，3枚の硬貨のうち表が上であるものの枚数を X_n とする．$X_n=2$ となる確率が p_n である．

$$\begin{cases} X_n \text{ が偶数} \implies X_{n+1} \text{ は奇数} \\ X_n \text{ が奇数} \implies X_{n+1} \text{ は偶数} \end{cases}$$

であり，$X_1=2$（偶数）であるから

$$X_{2m-1} \text{ は偶数，} \quad X_{2m} \text{ は奇数．}$$

表の枚数 X_n は
$$\begin{cases} X_{n+1}=X_n+1 \\ \text{または} \\ X_{n+1}=X_n-1 \end{cases}$$
を満たしています．

(1) したがって，$X_{2m}=2$ となることはなく，確率は

$$p_{2m}=0 \quad (m=1,\ 2,\ 3,\ \cdots)$$

(2) X_{2m-1} の値は 0, 2 に限られるので, $X_{2m+1}=2$ となるのは次のいずれかの場合である.

X_{2m-1}	$2m$ 回目の操作	X_{2m}	$2m+1$ 回目の操作	確率
2	3枚中1枚が裏でそれを返す	3	3枚とも表で任意の硬貨を返す	$p_{2m-1} \cdot \dfrac{1}{3} \cdot 1$
2	3枚中2枚が表でその一方を返す	1	3枚中2枚が裏でその一方を返す	$p_{2m-1} \cdot \dfrac{2}{3} \cdot \dfrac{2}{3}$
0	3枚とも裏で任意の硬貨を返す	1	3枚中2枚が裏でその一方を返す	$(1-p_{2m-1}) \cdot 1 \cdot \dfrac{2}{3}$

> $2m-1$ 回目を終えたときの表の枚数は 0 か 2 です. 2 枚が表である確率が p_{2m-1} なので, 表が 0 枚の確率は $1-p_{2m-1}$ です.

これらの確率の和をとって

$$p_{2m+1} = p_{2m-1} \times \frac{1}{3} + p_{2m-1} \times \frac{4}{9} + (1-p_{2m-1}) \times \frac{2}{3}$$

$$\therefore \quad p_{2m+1} = \frac{1}{9} p_{2m-1} + \frac{2}{3} \quad (m=1, 2, 3, \cdots) \quad \cdots (\text{答})$$

> $p_1, p_3, p_5, \cdots, p_{2m-1}, \cdots$ という数列についての漸化式です. p_{2m-1} は m 番目です.

(3) (2)の結果から, 任意の自然数 m に対して

$$p_{2m+1} - \frac{3}{4} = \frac{1}{9}\left(p_{2m-1} - \frac{3}{4}\right)$$

数列 $\left\{p_{2m-1} - \dfrac{3}{4}\right\}$ は公比が $\dfrac{1}{9}$ の等比数列であり

$$p_{2m-1} - \frac{3}{4} = \left(\frac{1}{9}\right)^{m-1}\left(p_1 - \frac{3}{4}\right)$$

$p_1 = 1$ であるから

$$p_{2m-1} = \frac{1}{4}\left(\frac{1}{9}\right)^{m-1} + \frac{3}{4} \quad (m=1, 2, 3, \cdots) \quad \cdots (\text{答})$$

> $p_{2m+1} = \dfrac{1}{9}p_{2m-1} + \dfrac{2}{3}$ に対して $\alpha = \dfrac{1}{9}\alpha + \dfrac{2}{3}$ を満たす α を用いて
> $p_{2m+1} - \alpha = \dfrac{1}{9}(p_{2m-1} - \alpha)$
> と変形します. α の値は $\dfrac{3}{4}$ です.

練習 43

正方形 ABCD があり, 動点 P は最初に頂点 A にあり, 次の規則に従って移動を繰り返す.

「1つのサイコロを振って 1, 2 の目が出たら正の向き(矢線の向き)の隣の頂点へ移り, 3, 4, 5, 6 の目が出たら負の向きの隣の頂点へ移る.」

n 回目の移動を終えて P が頂点 A にある確率を p_n とする. m を自然数として, p_{2m} を m で表せ.

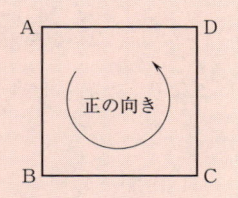

例題44

$a_1=1$ であり,各項が自然数である数列 $\{a_n\}$ がある.
自然数 a_n を3で割った余りを r_n とすると
$$a_{n+1}=3a_n-r_n \quad (n=1,\ 2,\ 3,\ \cdots) \quad \cdots ①$$
が成り立つ. n を自然数として a_n を n で表せ.

考え方 $n=1,\ 2,\ 3,\ 4$ に対して,a_n,r_n,漸化式 ① は右のようになります.n が偶数の場合と奇数の場合とで r_n の値がどうなるかを予想し,それをまとめて数学的帰納法で証明します.

n	a_n	それを3で割った余り r_n	$a_{n+1}=3a_n-r_n$
1	1	1	$a_2=3\cdot1-1$
2	2	2	$a_3=3\cdot2-2$
3	4	1	$a_4=3\cdot4-1$
4	11	2	$a_5=3\cdot11-2$

【解答】

次が成り立つと予想される.
$$r_{2k-1}=1 \text{ かつ } r_{2k}=2 \quad \cdots(*)$$

$\{r_n\}:1,\ 2,\ 1,\ 2,\ 1,\ 2,\ \cdots$ のように数列 $\{r_n\}$ には1と2が交互に並ぶと予想されます.

(ア) $r_1=1$,$a_2=2$,$r_2=2$ であるので
「$k=1$ のとき (*) は成り立つ.」

(イ) l を自然数として $r_{2l-1}=1$,$r_{2l}=2$ であると仮定する.$n=2l$ の場合の ① から
$$a_{2l+1}=3a_{2l}-r_{2l}=3a_{2l}-2$$
$$=3(a_{2l}-1)+1$$

$a_{2l}-1$ は整数なので
$a_{2l+1}=(3\text{の倍数})+1$
となっています.

となり,a_{2l+1} を3で割った余りは1である.つまり
$$r_{2l+1}=1$$

すると,$n=2l+1$ の場合の ① から
$$a_{2l+2}=3a_{2l+1}-r_{2l+1}=3a_{2l+1}-1$$
$$=3(a_{2l+1}-1)+2$$

$a_{2l+1}-1$ は整数なので
$a_{2l+2}=(3\text{の倍数})+2$
となっています.

となり,a_{2l+2} を3で割った余りは2である.つまり
$$r_{2l+2}=2$$

したがって
「$k=l$ のとき (*) が成り立てば
$k=l+1$ のとき (*) は成り立つ.」

(ア)の結論と(イ)の結論から，数学的帰納法により

「すべての自然数 k に対して(*)は成り立つ.」

そこで，$n=2k-1$, $2k$ に対する①と(*)から

$$\begin{cases} a_{2k} = 3a_{2k-1}-1 \\ a_{2k+1} = 3a_{2k}-2 \end{cases} \quad \cdots ②$$

この2式から a_{2k} を消去すると

$$a_{2k+1}=3(3a_{2k-1}-1)-2=9a_{2k-1}-5$$

$\therefore \quad a_{2k+1}-\dfrac{5}{8}=9\left(a_{2k-1}-\dfrac{5}{8}\right) \quad (k=1, 2, 3, \cdots)$

数列 $\left\{a_{2k-1}-\dfrac{5}{8}\right\}$ は公比が9の等比数列で

$$a_{2k-1}-\dfrac{5}{8}=9^{k-1}\left(a_1-\dfrac{5}{8}\right)=\dfrac{3}{8}\cdot 9^{k-1}$$

$\therefore \quad a_{2k-1}=\dfrac{3\cdot 9^{k-1}+5}{8}=\dfrac{3^{2k-1}+5}{8} \quad \cdots ③$

②に代入すると

$$a_{2k}=\dfrac{3(3^{2k-1}+5)}{8}-1=\dfrac{3^{2k}+7}{8} \quad \cdots ④$$

③で $2k-1$ を n，④で $2k$ を n とおいて

$$a_n = \begin{cases} \dfrac{3^n+5}{8} & (n \text{ が奇数のとき}) \\ \dfrac{3^n+7}{8} & (n \text{ が偶数のとき}) \end{cases} \quad \cdots (答)$$

> $a_{2k+1}=9a_{2k-1}-5$
> という等式は
> $a_1, a_3, a_5, \cdots, a_{2k-1}, \cdots$
> という数列についての漸化式です．

> $a_{2k+1}=9a_{2k-1}-5$
> に対し $\alpha=9\alpha-5$ を満たす α を用いて
> $a_{2k+1}-\alpha=9(a_{2k-1}-\alpha)$
> と変形します．α の値は $\dfrac{5}{8}$ です．

練習 44

$a_1=10$, $a_{n+1}=\dfrac{2[a_n]+4}{3}$ $(n=1, 2, 3, \cdots)$ を満たす数列 $\{a_n\}$ について，

$$a_1+a_2+a_3+\cdots+a_{50}$$

を求めよ．ただし，実数 x に対して「x を超えない最大の整数」を $[x]$ と表す（ガウス記号，「ガウス x」と読む）．

例題45

$a_1=2$, $a_{n+1}=\dfrac{n+2}{n}a_n$ （$n=1, 2, 3, \cdots$）を満たす数列 $\{a_n\}$ の一般項を求めよ．

考え方 漸化式の n の値を変えながら，漸化式を繰り返し用いて a_n を求めます．

【解答】

$n \geqq 2$ とする．漸化式を繰り返し用いると

$$a_n = \frac{n+1}{n-1}a_{n-1} = \frac{n+1}{n-1} \cdot \frac{n}{n-2}a_{n-2}$$

$$= \frac{n+1}{n-1} \cdot \frac{n}{n-2} \cdot \frac{n-1}{n-3}a_{n-3} = \cdots$$

$$= \frac{n+1}{n-1} \cdot \frac{n}{n-2} \cdot \frac{n-1}{n-3} \cdot \cdots \cdot \frac{5}{3} \cdot \frac{4}{2} \cdot \frac{3}{1}a_1$$

$$= \frac{(n+1)n}{2 \cdot 1}a_1 = n(n+1)$$

$\therefore\ a_n = n(n+1)$ （$n=2, 3, 4, \cdots$）

$a_1 = 2$ であることと合わせて

$$a_n = n(n+1)\ (n=1, 2, 3, \cdots)\ \cdots\text{(答)}$$

（右側補足）
- $a_{n-1} = \dfrac{n}{n-2}a_{n-2}$ です．
- さらに $a_{n-3} = \dfrac{n-2}{n-4}a_{n-4}$ を代入し，$\cdots$，と変形を続けます．最後に $a_2 = \dfrac{3}{1}a_1$ を代入し，それ以上変形を続けることはできません．
- $a_n = n(n+1)$ は $n=1$ のときも成り立つことがわかります．

【別解】

$a_{n+1} = \dfrac{n+2}{n}a_n$ の両辺を $(n+1)(n+2)$ で割ると

$$\frac{a_{n+1}}{(n+1)(n+2)} = \frac{a_n}{n(n+1)}\ (n=1, 2, 3, \cdots)$$

よって，数列 $\left\{\dfrac{a_n}{n(n+1)}\right\}$ には一定の値が並び

$$\frac{a_n}{n(n+1)} = \frac{a_1}{1 \cdot 2} = 1$$

$\therefore\ a_n = n(n+1)\ (n=1, 2, 3, \cdots)\ \cdots\text{(答)}$

（右側補足）$\dfrac{a_1}{1 \cdot 2} = \dfrac{a_2}{2 \cdot 3} = \dfrac{a_3}{3 \cdot 4} = \cdots$ となります．

練習45

$a_1=1$, $a_{n+1}=\left(\dfrac{n}{n+2}\right)^2 a_n$ （$n=1, 2, 3, \cdots$）を満たす数列 $\{a_n\}$ の一般項を求めよ．

例題46

n を自然数とする．$5^{2n-1}+4^{n+1}$ は 21 の倍数であることを数学的帰納法を用いて示せ．

考え方 $5^{2k-1}+4^{k+1}$ が 21 の倍数であると仮定すると $5^{2k-1}+4^{k+1}=21m$ (m は整数) と表せます．これを $5^{2k-1}=21m-4^{k+1}$ と変形して「$5^{2k+1}+4^{k+2}$ が 21 の倍数である」ことを証明します．

【解答】

$a_n=5^{2n-1}+4^{n+1}$ ($n=1, 2, 3, \cdots$) とおく．

(ア) $a_1=5+4^2=21$ であるから

「a_1 は 21 の倍数である．」

(イ) a_k が 21 の倍数であると仮定すると

$$a_k=5^{2k-1}+4^{k+1}=21m \quad \cdots ①$$

を満たす整数 m が存在する．

$$a_{k+1}=5^{2k+1}+4^{k+2}=5^2 \cdot 5^{2k-1}+4^{k+2}$$

であるので，① を $5^{2k-1}=21m-4^{k+1}$ と変形して，これに代入すると

$$a_{k+1}=25(21m-4^{k+1})+4^1 \cdot 4^{k+1}$$
$$=25 \cdot 21m+(-25+4) \cdot 4^{k+1}$$
$$=21(25m-4^{k+1})$$

$25m-4^{k+1}$ は整数であるので

「a_k が 21 の倍数ならば

a_{k+1} は 21 の倍数となる．」

(ア)，(イ) の結論から数学的帰納法によって

「a_n は 21 の倍数である．($n=1, 2, 3, \cdots$)」

つまり，すべての自然数 n に対し $5^{2n-1}+4^{n+1}$ は 21 の倍数である．

> a_k が 21 の倍数であると仮定して，a_{k+1} が 21 の倍数となることを導きます．

> ① を用いて 2 つの指数関数 5^{2k+1}，4^{k+2} の一方を消去します．

練習46

n を自然数とする．6^n-5n-1 は 5 の倍数であることを示せ．

例題47

$x_n = \left(\dfrac{1+\sqrt{5}}{2}\right)^n + \left(\dfrac{1-\sqrt{5}}{2}\right)^n$ $(n=1, 2, 3, \cdots)$ とする．

(1) x_{n+2} を x_{n+1}, x_n を用いて表せ． (2) x_n は整数であることを示せ．
(3) x_n が偶数になるための n に関する条件を求めよ．

考え方 $\alpha = \dfrac{1+\sqrt{5}}{2}$, $\beta = \dfrac{1-\sqrt{5}}{2}$ とおくと $x_n = \alpha^n + \beta^n$ となります．$\alpha + \beta$ と $\alpha\beta$ の値を利用すると，$\alpha^{n+2} + \beta^{n+2}$ を $\alpha^{n+1} + \beta^{n+1}$ と $\alpha^n + \beta^n$ で表せます．

(1)の結果から「x_1 と x_2 が整数ならば x_3 は整数となる」ことがわかります．x_1 が整数であることの他に「x_2 が整数である」ことの確認をしないと，x_3 が整数であることは示せません．

【解答】

(1) $\alpha = \dfrac{1+\sqrt{5}}{2}$, $\beta = \dfrac{1-\sqrt{5}}{2}$ とおくと

$$x_n = \alpha^n + \beta^n \quad (n=1, 2, 3, \cdots) \quad \cdots ①$$

一方，$\alpha + \beta = 1$, $\alpha\beta = -1$ であるから

$$\alpha^{n+2} + \beta^{n+2} = (\alpha+\beta)(\alpha^{n+1} + \beta^{n+1}) - \alpha\beta(\alpha^n + \beta^n)$$
$$= (\alpha^{n+1} + \beta^{n+1}) + (\alpha^n + \beta^n)$$

① を用いると

$$x_{n+2} = x_{n+1} + x_n \quad (n=1, 2, 3, \cdots) \quad \cdots \text{(答)}$$

> $x_{n+2} = \alpha^{n+2} + \beta^{n+2}$
> $x_{n+1} = \alpha^{n+1} + \beta^{n+1}$
> となるので，これらと①の関係を考えます．

> $(\alpha+\beta)(\alpha^{n+1} + \beta^{n+1})$
> $= (\alpha^{n+2} + \beta^{n+2})$
> $\quad + (\alpha^{n+1}\beta + \alpha\beta^{n+1})$
> を変形しています．

(2) (1)の結果により

「x_n と x_{n+1} がともに整数ならば x_{n+2} は整数である．」 $\cdots ②$

さらに $\alpha + \beta = 1$ と $\alpha\beta = -1$ から

$$\begin{cases} x_1 = \alpha + \beta = 1 \\ x_2 = \alpha^2 + \beta^2 = (\alpha+\beta)^2 - 2\alpha\beta = 3 \end{cases}$$

を得るので 「x_1 と x_2 はともに整数である．」 $\cdots ③$

> ② を用いて x_3 が整数であることを導くには，x_1 だけでなく x_2 が整数であることも確認しなければなりません．

②，③から数学的帰納法により

「x_n は整数である．$(n=1, 2, 3, \cdots)$」

(3) $x_1=1$, $x_2=3$ と (1) の結果から次を得る.

n	1	2	3	4	5	6	7	$\cdots$
x_n	1	3	④	7	11	⑱	29	$\cdots$

> x_n の値が偶数であるものを○で囲みました．3個に1個○が現れそうなので，x_{n+3} と x_n の関係を考えます．

そこで，(1) の結果を繰り返し用いると
$$x_{n+3}=x_{n+2}+x_{n+1}$$
$$=(x_{n+1}+x_n)+x_{n+1}$$
$$=2x_{n+1}+x_n$$

> $x_{n+3}=$(偶数)$+x_n$ となっています．

を得る．ここで，$2x_{n+1}$ は偶数であるから
$$\begin{cases} x_n \text{ が偶数} \implies x_{n+3} \text{ は偶数,} \\ x_n \text{ が奇数} \implies x_{n+3} \text{ は奇数.} \end{cases} \quad \cdots ④$$

さらに表で見たように
「x_1 と x_2 は奇数，x_3 は偶数である．」 $\cdots ⑤$

④ と ⑤ から
$$\begin{cases} x_{3k-2} \text{ と } x_{3k-1} \text{ は奇数,} \\ x_{3k} \text{ は偶数} \end{cases} \quad (k=1, 2, 3, \cdots)$$

> ④ と ⑤ により
> $x_1, x_4, x_7, \cdots$ は奇数，
> $x_2, x_5, x_8, \cdots$ は奇数，
> $x_3, x_6, x_9, \cdots$ は偶数
> であることがわかります．

となって，x_n が偶数となる条件は
「n が 3 の倍数である」 $\cdots$(答)

ことである．

《参考》(1) は次のようにすることもできます．

α, β を解にもつ2次方程式は $x^2-x-1=0$ なので
$$\alpha^n(\alpha^2-\alpha-1)=0, \quad \beta^n(\beta^2-\beta-1)=0$$

左辺を展開して 2 式を加えると $x_{n+2}-x_{n+1}-x_n=0$ が導けます．

練習 47

$z_n = \left(\dfrac{1+\sqrt{7}\,i}{2}\right)^n + \left(\dfrac{1-\sqrt{7}\,i}{2}\right)^n \quad (n=1, 2, 3, \cdots)$ とする．

(1) 数学的帰納法を用いて，z_n は整数であることを示せ．
(2) z_n が 3 の倍数となる条件を求めよ．

例題48

数列 $\{a_n\}$ はすべての自然数 n に対して次の等式を満たしている.

$$na_1+(n-1)a_2+(n-2)a_3+\cdots+1\cdot a_n=\frac{n(n+1)(n+2)}{6} \quad \cdots(*)$$

(1) a_1, a_2, a_3 を求めよ. 　　(2) a_n を n で表せ.

考え方 (1)の結果から a_n が n を用いてどう表されるか予想できるので,それを数学的帰納法で証明します.(*)を用いて数学的帰納法の証明を行うときは,a_1, a_2, a_3, $\cdots$, a_{k-1} について予想したことがすべて成り立つと仮定して,a_k についても予想が成り立つことを導きます.

【解答】

(1) (*) で $n=1$ として $1\cdot a_1=1$ となり　$a_1=1$

(*) で $n=2$ として $2a_1+1\cdot a_2=4$ となり　$a_2=2$

(*) で $n=3$ として $3a_1+2a_2+1\cdot a_3=10$

以上から

$$a_1=1,\ a_2=2,\ a_3=3 \quad \cdots（答）$$

> $a_n=n$ と予想できます.これを数学的帰納法で証明します.

(2) k は 2 以上の整数であるとする.

$$a_1=1,\ a_2=2,\ a_3=3,\ \cdots,\ a_{k-1}=k-1$$

であると仮定すると,$n=k$ のときの(*)から

$$k\cdot 1+(k-1)\cdot 2+(k-2)\cdot 3+\cdots+2\cdot(k-1)+1\cdot a_k$$
$$=\frac{k(k+1)(k+2)}{6}$$

> これら全部を仮定しないと,(*)から a_k を求めることができません.

$\therefore\ a_k=\dfrac{k(k+1)(k+2)}{6}-\displaystyle\sum_{m=1}^{k-1}(k+1-m)m$

$=\dfrac{k(k+1)(k+2)}{6}-\displaystyle\sum_{m=1}^{k-1}\{-m^2+(k+1)m\}$

$=\dfrac{k(k+1)(k+2)}{6}+\dfrac{(k-1)k(2k-1)}{6}-(k+1)\cdot\dfrac{(k-1)k}{2}$

$=\dfrac{k}{6}\{(k^2+3k+2)+(2k^2-3k+1)-3(k^2-1)\}$

$=k$

> $k\cdot 1+(k-1)\cdot 2+\cdots+2(k-1)$ の m 番目の項は
> $$(k+1-m)m$$
> で,最後の項は $m=k-1$ に対応するので,この和は
> $$\sum_{m=1}^{k-1}(k+1-m)m$$
> となります.$k+1$ が定数であることに注意してください.

したがって,$k\geqq 2$ のとき

「$a_1=1$, $a_2=2$, $\cdots$, $a_{k-1}=k-1$ が
すべて成り立つならば $a_k=k$」 $\cdots$①

> $k=2$ の場合
> 「$a_1=1$ ならば $a_2=2$」
> $k=3$ の場合
> 「$a_1=1$, $a_2=2$
>   ならば $a_3=3$」
> となります.

一方,(1)で調べたように
$$a_1=1 \quad \cdots ②$$
①,②から数学的帰納法によって
$$a_n=n \quad (n=1, 2, 3, \cdots) \quad \cdots(答)$$

《参考》
$$na_1+(n-1)a_2+(n-2)a_3+\cdots+2a_{n-1}+1\cdot a_n=\frac{n(n+1)(n+2)}{6} \quad \cdots(*)$$

$n \geqq 2$ のとき,(*) の n を $n-1$ に書き直すと
$$(n-1)a_1+(n-2)a_2+(n-3)a_3+\cdots+1\cdot a_{n-1}=\frac{(n-1)n(n+1)}{6}$$

辺々引くと $a_1+a_2+a_3+\cdots+a_{n-1}+a_n=\dfrac{n(n+1)}{2} \quad (n \geqq 2)$

例題 11 の手法で,これから a_n を求めることができます.

すべての自然数 n に対し成り立つことを示す際に,**例題 47**(2)では
$\begin{cases} (ア) & n=1, 2 \text{ で成り立つ} \\ (イ) & n=k, k+1 \text{ で成り立てば } n=k+2 \text{ で成り立つ} \end{cases}$
の2つを示しています.また,**例題 48**(2)では
$\begin{cases} (ア) & n=1 \text{ で成り立つ} \\ (イ) & n=1, 2, \cdots, k-1 \text{ で成り立てば } n=k \text{ で成り立つ} \quad (k \geqq 2) \end{cases}$
の2つを示しています.このような証明方法も数学的帰納法の1つの形です.

練習 48

$a_1>1$ である数列 $\{a_n\}$ は
$$a_{n+1}>1+a_1+a_2+a_3+\cdots+a_n \quad (n=1, 2, 3, \cdots)$$
を満たしている.このとき $a_n>2^{n-1} \quad (n=1, 2, 3, \cdots)$ であることを示せ.

例題49

$(2+\sqrt{3})^n = a_n + b_n\sqrt{3}$ $(n=1, 2, 3, \cdots)$ により整数 a_n, b_n を定める.

(1) a_{n+1} および b_{n+1} を a_n と b_n を用いて表せ.

(2) $(2-\sqrt{3})^n = a_n - b_n\sqrt{3}$ $(n=1, 2, 3, \cdots)$ となることを示せ.

(3) $(2+\sqrt{3})^n$ の整数部分は奇数であることを示せ.

考え方 $(2+\sqrt{3})^{n+1} = a_{n+1} + b_{n+1}\sqrt{3}$ ですから,この左辺を $(2+\sqrt{3})(a_n + b_n\sqrt{3})$ と変形し,展開して右辺と比較します. (2)は数列 $\{a_n - b_n\sqrt{3}\}$ の漸化式を作るのも1つの方法です.

【解答】

(1) $(2+\sqrt{3})^{n+1} = (2+\sqrt{3})(2+\sqrt{3})^n$ であるから

$$a_{n+1} + b_{n+1}\sqrt{3} = (2+\sqrt{3})(a_n + b_n\sqrt{3})$$

$\therefore \quad a_{n+1} + b_{n+1}\sqrt{3} = (2a_n + 3b_n) + (a_n + 2b_n)\sqrt{3}$

ここで,$\sqrt{3}$ は無理数であるから

$$\begin{cases} a_{n+1} = 2a_n + 3b_n \\ b_{n+1} = a_n + 2b_n \end{cases} \quad (n=1, 2, 3, \cdots) \cdots \text{(答)}$$

> A, B, C, D が有理数で
> $A + B\sqrt{3} = C + D\sqrt{3}$
> が成り立てば
> $\begin{cases} A = C \\ B = D \end{cases}$

(2) $x_n = a_n - b_n\sqrt{3}$ $(n=1, 2, 3, \cdots)$ とおく. (1)の結果から

$$\begin{aligned} x_{n+1} &= a_{n+1} - b_{n+1}\sqrt{3} \\ &= (2a_n + 3b_n) - (a_n + 2b_n)\sqrt{3} \\ &= (2-\sqrt{3})a_n + (3-2\sqrt{3})b_n \\ &= (2-\sqrt{3})(a_n - b_n\sqrt{3}) \quad \cdots (*) \end{aligned}$$

$\therefore \quad x_{n+1} = (2-\sqrt{3})x_n \quad (n=1, 2, 3, \cdots)$

> $3 - 2\sqrt{3} = \sqrt{3}\cdot\sqrt{3} - 2\sqrt{3}$
> $\qquad = \sqrt{3}(\sqrt{3}-2)$
> とすると,全体を $2-\sqrt{3}$ でくくることができます.

よって,数列 $\{x_n\}$ は公比が $2-\sqrt{3}$ の等比数列で

$$x_n = (2-\sqrt{3})^{n-1} x_1 \quad (n=1, 2, 3, \cdots)$$

$2+\sqrt{3} = a_1 + b_1\sqrt{3}$ から $a_1 = 2$, $b_1 = 1$ となり

$$x_1 = a_1 - b_1\sqrt{3} = 2-\sqrt{3}$$

以上により,すべての自然数 n に対して

$$a_n - b_n\sqrt{3} = x_n = (2-\sqrt{3})^n$$

(3) a_n, b_n の定義と (2) の結果から

$$\begin{cases} (2+\sqrt{3})^n = a_n + b_n\sqrt{3} \\ (2-\sqrt{3})^n = a_n - b_n\sqrt{3} \end{cases}$$

辺々加えて $b_n\sqrt{3}$ を消去すると

$$(2+\sqrt{3})^n + (2-\sqrt{3})^n = 2a_n$$

さらに $0 < 2-\sqrt{3} < 1$ であるから

$$\begin{cases} (2+\sqrt{3})^n = 2a_n - (2-\sqrt{3})^n \\ 0 < (2-\sqrt{3})^n < 1 \end{cases}$$

> (2)の結果を(3)を解く際に利用できないかと考えると，このような解法に気づくと思います．整数部分を問われているので，2式の右辺で整数でない $b_n\sqrt{3}$ を消去します．

> $(2-\sqrt{3})^n$ は十分に0に近い正の数であることに注目します．

```
        2a_n-1    (2+√3)^n   2a_n
    ─────┼──────────●──────────┼───── x
                   -(2-√3)^n
```

したがって，$(2+\sqrt{3})^n$ の整数部分は $2a_n - 1$ である．ここで，$2a_n - 1$ は奇数であるから

「$(2+\sqrt{3})^n$ の整数部分は奇数である．」

$(n = 1, 2, 3, \cdots)$

《参考》

(2) は数学的帰納法を用いて解答することもできます．(*)と同様に(1)から

$$a_{k+1} - b_{k+1}\sqrt{3} = (2-\sqrt{3})(a_k - b_k\sqrt{3})$$

を導くことができるので

「$a_k - b_k\sqrt{3} = (2-\sqrt{3})^k$ であるとすると $a_{k+1} - b_{k+1}\sqrt{3} = (2-\sqrt{3})^{k+1}$」 …①

さらに $a_1 = 2$, $b_1 = 1$ ですから

$$a_1 - b_1\sqrt{3} = 2 - \sqrt{3} \qquad \cdots ②$$

① と ② から数学的帰納法により $a_n - b_n\sqrt{3} = (2-\sqrt{3})^n$ が示せます．

練習 49

$(1+\sqrt{2})^n = a_n + b_n\sqrt{2}$ $(n=1, 2, 3, \cdots)$ により正の整数 a_n, b_n を定める．
(1) a_{n+1} および b_{n+1} を a_n と b_n を用いて表せ．
(2) $a_n^2 - 2b_n^2 = (-1)^n$ であることを示せ．
(3) $(1+\sqrt{2})^n = \sqrt{m+1} + \sqrt{m}$ (m は整数) と表されることを示せ．

例題50

A, Bの2人に次の(ア), (イ)の規則に従ってコインを与えていく.

(ア) 1回目はAに1枚のコインを与え, Bにはコインを与えない.

(イ) n 回目 ($n \geq 2$) は, 2人のうち $n-1$ 回目までに与えられたコインの枚数の合計が少ない方に n 枚のコインを与え, 他方にはコインを与えない.

1回目から n 回目までにAに与えられたコインの枚数の合計を a_n, Bに与えられたコインの枚数の合計を b_n とする.

(1) a_2, b_2, a_3, b_3, a_4, b_4, a_5, b_5 を求めよ.

(2) a_{2n}, b_{2n} を n で表せ.

考え方 a_{2n} がどのように表されるかは, すぐに予想できます. もし b_{2n} の予想が困難だったら, $a_{2n} + b_{2n}$ は1回目から $2n$ 回目までに2人に与えられたコインの枚数の合計であることを利用してみてください.

【解答】

(イ) により, $n \geq 2$ とすると

$$\begin{cases} a_{n-1} > b_{n-1} \text{ のときは } & a_n = a_{n-1}, \; b_n = b_{n-1} + n \\ a_{n-1} < b_{n-1} \text{ のときは } & a_n = a_{n-1} + n, \; b_n = b_{n-1} \end{cases}$$

(1) さらに(ア)により $a_1 = 1$, $b_1 = 0$ であるので, $n = 2, 3, 4, 5$ のときの a_n, b_n は次のようになる.

n	1	2	3	4	5
a_n	1	1	1+3=4	4	4+5=9
b_n	0	0+2=2	2	2+4=6	6

…(答)

(2) (1)に加えて $a_6 = 9$, $b_6 = 6 + 6 = 12$ であるので

$$a_{2n} = n^2, \quad b_{2n} = n(n+1) \qquad \cdots (*)$$

であると予想される.

> $a_2 = 1^2$, $b_2 = 1 \cdot 2$
> $a_4 = 2^2$, $b_4 = 2 \cdot 3$
> $a_6 = 3^2$, $b_6 = 3 \cdot 4$
> となっています.

(i) $a_2 = 1^2$, $b_2 = 1 \cdot 2$ であるから

「$n = 1$ のとき $(*)$ は成り立つ.」

(ii) $a_{2k} = k^2$, $b_{2k} = k(k+1)$ であると仮定する.

$a_{2k} - b_{2k} = k^2 - (k^2+k) = -k < 0$ であるので

$a_{2k} < b_{2k}$ となり，(イ)により

$$a_{2k+1} = k^2 + (2k+1) = (k+1)^2$$
$$b_{2k+1} = b_{2k} = k(k+1)$$

> まず a_{2k} と b_{2k} の大小を調べて，a_{2k+1} と b_{2k+1} を求めます．

すると $a_{2k+1} - b_{2k+1} = k+1 > 0$ であるので

$a_{2k+1} > b_{2k+1}$ となり，(イ)により

$$\begin{cases} a_{2k+2} = a_{2k+1} = (k+1)^2 \\ b_{2k+2} = k(k+1) + 2k + 2 \\ \qquad = k^2 + 3k + 2 = (k+1)(k+2) \end{cases}$$

> 次に a_{2k+1}，b_{2k+1} の大小を調べて，a_{2k+2} と b_{2k+2} を求めます．

したがって

「$n = k$ で (*) が成り立つならば

$n = k+1$ のときに (*) は成り立つ．」

(i) と (ii) の結論から数学的帰納法により

「すべての自然数 n に対し (*) は成り立つ」

ことがわかり

$$a_{2n} = n^2, \quad b_{2n} = n(n+1) \qquad \cdots (\text{答})$$
$$(n = 1, 2, 3, \cdots)$$

《参考》 $a_{2n} + b_{2n} = 1 + 2 + 3 + \cdots + 2n = \dfrac{2n(2n+1)}{2} = n(2n+1)$ ですから，$a_{2n} = n^2$

と予想できれば $b_{2n} = n(2n+1) - n^2 = n(n+1)$ と予想できます．

練習 50

数列 $\{a_n\}$ は次の性質を満たしている．

$$\begin{cases} n \text{ が奇数のとき} \quad a_n, a_{n+1}, a_{n+2} \text{ は等比数列である．} \\ n \text{ が偶数のとき} \quad a_n, a_{n+1}, a_{n+2} \text{ は等差数列である．} \\ a_1 = 1, \ a_2 = 2 \text{ である．} \end{cases}$$

(1) a_3, a_4, a_5, a_6 を求めよ．
(2) a_{2n-1}, a_{2n} を n を用いて表すとどのようになるか予想し，それを数学的帰納法で証明せよ．

13Z10

大学入試攻略 数列

別冊 解答・解説編

教科書だけでは足りない

河合塾SERIES

河合塾講師 鈴木 克昌 著

河合出版

河合塾SERIES

大学入試攻略

教科書だけでは足りない

数列

別冊 解答・解説編

河合塾講師 鈴木 克昌 著

河合出版

第1節　等差数列・等比数列

練習 1

(1) $a_n = pn + q$ $(n=1, 2, 3, \cdots)$ であるから
$$a_{n+1} = p(n+1) + q = pn + (p+q)$$
したがって
$$a_{n+1} - a_n = \{pn + (p+q)\} - (pn+q)$$
$$= p$$
となり，この値は n によらず一定である．

※ $a_n = pn + q$ の n を $n+1$ に書き換えました．

(2) $4m \leqq x \leqq m^2$ を満たす整数 x の個数が 33 であるから
$$m^2 - 4m + 1 = 33$$
したがって $m^2 - 4m - 32 = 0$ となって
$$(m-8)(m+4) = 0$$
m は 4 以上の整数であるので
$$m = 8 \qquad \cdots \text{(答)}$$

※ m, n が $m < n$ を満たす整数であるとき，不等式
$$m \leqq x \leqq n$$
を満たす整数 x の個数は
$$n - m + 1$$
です．

練習 2

(1) 数列 $1, 3, 5, 7, \cdots$ は初項が 1，公差が 2 の等差数列である．その第 n 項は
$$1 + 2(n-1) = 2n - 1$$
であるので
$$1 + 3 + 5 + \cdots + (2n-1) = \frac{n\{2 \cdot 1 + 2(n-1)\}}{2}$$
$$= n^2 \qquad \cdots \text{(答)}$$

※ $1 + 3 + 5 + \cdots + (2n-1)$ の最後の項が，先頭から数えて n 番目であることを確認しています．

【別解】　初項が 1，末項が $2n-1$，項数が n である等差数列の和を求めることにより
$$1 + 3 + 5 + \cdots + (2n-1) = \frac{n\{1 + (2n-1)\}}{2}$$
$$= n^2 \qquad \cdots \text{(答)}$$

※ 初項が a，末項が l，項数が n の等差数列の和は
$$\frac{n(a+l)}{2}$$
です．

(2) 数列 $1, \dfrac{1}{2}, \left(\dfrac{1}{2}\right)^2, \left(\dfrac{1}{2}\right)^3, \cdots$ は初項が 1，公比が $\dfrac{1}{2}$

の等比数列である．その第 n 項は
$$1 \cdot \left(\frac{1}{2}\right)^{n-1} = \left(\frac{1}{2}\right)^{n-1}$$
であるので
$$1 + \frac{1}{2} + \left(\frac{1}{2}\right)^2 + \cdots + \left(\frac{1}{2}\right)^{n-1} = \frac{1\left\{1-\left(\frac{1}{2}\right)^n\right\}}{1-\frac{1}{2}}$$
$$= 2 - \left(\frac{1}{2}\right)^{n-1} \quad \cdots (答)$$

練習❸

(1) 数列 $\{a_n\}$ の初項を a，公差を d とおくと
$$a_n = a + (n-1)d \quad (n=1, 2, 3, \cdots)$$
$a_{10}=32$，$a_{16}=50$ から
$$\begin{cases} a+9d=32 \\ a+15d=50 \end{cases} \therefore \begin{cases} a=5 \\ d=3 \end{cases}$$

☞ $\quad a+15d=50$
$\quad -)\ a+\ 9d=32$
$\qquad\qquad 6d=18$
これから $d=3$ が導かれます．

したがって，$a_n=5+3(n-1)$ となって
$$a_n = 3n+2 \quad (n=1, 2, 3, \cdots) \quad \cdots (答)$$

(2) $60 \leq a_n \leq 100$ とすると $60 \leq 3n+2 \leq 100$

これから $\dfrac{58}{3} \leq n \leq \dfrac{98}{3}$ が導かれるので，これを満たす自然数 n は
$$n = 20, 21, 22, \cdots, 32$$
の $32-20+1=13$ 個である．

したがって，$60 \leq a_n \leq 100$ を満たす項の和は
$$a_{20} + a_{21} + a_{22} + \cdots + a_{32}$$
$$= \underbrace{62 + 65 + 68 + \cdots + 98}_{\text{項数 13 の等差数列の和}}$$
$$= \frac{13(62+98)}{2} = 13 \cdot 80 = 1040 \quad \cdots (答)$$

☞ 初項が a，末項が l，項数が n の等差数列の和は
$$\frac{n(a+l)}{2}$$
です．

練習 ④

2 では割り切れるが，4 では割り切れない整数とは，4 で割った余りが 2 である整数のことである．1, 2, 3, …, $4n$ のうち，この条件を満たすものは

$$2,\ 6,\ 10,\ 14,\ \cdots,\ 4n-2$$

の n 個である．

したがって，それらの和は初項が 2，末項が $4n-2$，項数が n の等差数列の和に等しく

$$\frac{n\{2+(4n-2)\}}{2} = n \cdot 2n = 2n^2 \quad \cdots \text{(答)}$$

※ 1, 2, …, $4n$ の $4n$ 個のうち，4 個に 1 つがこの条件を満たしています．

※ 初項が a，末項が l，項数が n の等差数列の和は $\dfrac{n(a+l)}{2}$ です．

【別解】

1, 2, 3, …, $4n$ のうち

(ア) 2 で割り切れるものは 2, 4, 6, …, $4n$ ($2n$ 個)

(イ) 4 で割り切れるものは 4, 8, 12, …, $4n$ (n 個)

である．したがって，2 で割り切れるが 4 で割り切れない整数の和は

$$\underbrace{\frac{2n(2+4n)}{2}}_{((\text{ア})\text{の合計})} - \underbrace{\frac{n(4+4n)}{2}}_{((\text{イ})\text{の合計})} = n\{(2+4n)-(2+2n)\}$$
$$= 2n^2 \quad \cdots \text{(答)}$$

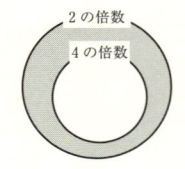

練習 ⑤

(1) 等比数列 $\{a_n\}$ の初項を a，公比を r とすると

$$a_n = ar^{n-1} \quad (n=1,\ 2,\ 3,\ \cdots)$$

$a_4 = 24,\ a_7 = 192$ であるから

$$\begin{cases} ar^3 = 24 & \cdots \text{①} \\ ar^6 = 192 & \cdots \text{②} \end{cases}$$

② は $ar^3 \times r^3 = 192$ となるので，① を代入し

$$24r^3 = 192 \quad \therefore\ r^3 = 8(=2^3)$$

r は実数であるので $r=2$

① に代入し $8a = 24$ となって $a = 3$

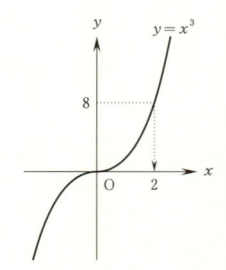

したがって
$$a_n = 3 \cdot 2^{n-1} \quad (n=1, 2, 3, \cdots) \quad \cdots (答)$$

(2) (1)の結果から $a_{n+1} = 3 \cdot 2^n$ を得るので
$$a_{n+1} + a_n = 3 \cdot 2^n + 3 \cdot 2^{n-1}$$
$$= 3 \cdot 2^{n-1}(2+1) = 9 \cdot 2^{n-1}$$

☞ $2^n = 2^{n-1} \cdot 2$ として, 全体を $3 \cdot 2^{n-1}$ でくくります.

したがって
$$b_n = \frac{1}{a_{n+1} + a_n} = \frac{1}{9 \cdot 2^{n-1}}$$
$$\therefore \quad b_n = \frac{1}{9}\left(\frac{1}{2}\right)^{n-1} \quad (n=1, 2, 3, \cdots)$$

☞ 等比数列の一般項の公式と比べて, 初項と公比を求めます.

よって, 数列 $\{b_n\}$ は初項が $\frac{1}{9}$, 公比が $\frac{1}{2}$ の等比数列となって

$$b_1 + b_2 + \cdots + b_n$$
$$= \frac{\frac{1}{9}\left\{1 - \left(\frac{1}{2}\right)^n\right\}}{1 - \frac{1}{2}} = \frac{2}{9}\left\{1 - \left(\frac{1}{2}\right)^n\right\} \quad \cdots (答)$$
$$(n=1, 2, 3, \cdots)$$

☞ 初項が a, 公比が r の等比数列の初項から第 n 項までの和は
$$\begin{cases} r \neq 1 \text{のとき} \ \frac{a(r^n-1)}{r-1} = \frac{a(1-r^n)}{1-r} \\ r = 1 \text{のとき} \ na \end{cases}$$
です.

練習 6

等差数列をなす3数を
$$m-d, \ m, \ m+d \quad \cdots (*)$$
と表す. このとき, 与えられた条件から
$$\begin{cases} (m-d) + m + (m+d) = 6 & \cdots ① \\ (m-d)m(m+d) = -42 & \cdots ② \end{cases}$$

☞ 等差数列の中央の項を m とおいて, 公差を d としました.

① を整理して $3m = 6$ となって $m = 2$
このとき ② から $(2-d)(2+d) = -21$ となり
$$4 - d^2 = -21 \quad \therefore \quad d^2 = 25$$
以上より
$$(m, d) = (2, 5), \ (2, -5)$$

これと (*) により，この 3 数は

$$-3, \ 2, \ 7 \quad \cdots （答）$$

【別解】

等差数列をなす 3 数を $x, \ y, \ z$ とおいて

$$2y = x + z \quad \cdots ③$$

が成り立つとして，一般性を失わない．

3 数の和が 6，積が -42 であるので

$$\begin{cases} x + y + z = 6 & \cdots ④ \\ xyz = -42 & \cdots ⑤ \end{cases}$$

③ を ④ に代入し $3y = 6$ を得るので

$$y = 2$$

したがって，③ と ⑤ から

$$\begin{cases} x + z = 4 \\ xz = -21 \end{cases}$$

となって，$x, \ z$ は 2 次方程式

$$t^2 - 4t - 21 = 0$$

の 2 解となる．$(t-7)(t+3) = 0$ から

$$t = 7, \ -3$$

が導かれるので

$$(x, \ z) = (7, \ -3), \ (-3, \ 7)$$

$y = 2$ と合わせて，この 3 数は

$$-3, \ 2, \ 7 \quad \cdots （答）$$

☜ 2 数の和と積がわかると，その 2 数は
$$t^2 - (和)t + (積) = 0$$
という 2 次方程式の 2 つの解として求めることができます．

第2節 数列の和

練習 7

(1) $\displaystyle\sum_{k=1}^{14} k(15-k) = \sum_{k=1}^{14}(-k^2+15k)$

$\displaystyle = -\frac{14\cdot 15\cdot 29}{6} + 15\cdot\frac{14\cdot 15}{2}$

$\displaystyle = \frac{14\cdot 15}{6}(-29+3\cdot 15)$

$= 7\cdot 5\cdot 16 = 560$ …(答)

☞ 公式に $n=14$ を代入した値を用います．

(2) $\displaystyle\sum_{k=1}^{n}(2k^2-12k+13)$

$\displaystyle = 2\cdot\frac{n(n+1)(2n+1)}{6} - 12\cdot\frac{n(n+1)}{2} + 13n$

$\displaystyle = \frac{n}{3}\{(2n^2+3n+1) - 18(n+1) + 39\}$

$\displaystyle = \frac{n}{3}(2n^2-15n+22) = \frac{n(n-2)(2n-11)}{3}$ …(答)

(3) $\displaystyle\sum_{k=1}^{n-1}(k+1)(k-1)(k-2) = \sum_{k=1}^{n-1}(k^3-2k^2-k+2)$

$\displaystyle = \left\{\frac{(n-1)n}{2}\right\}^2 - 2\cdot\frac{(n-1)n(2n-1)}{6} - \frac{(n-1)n}{2} + 2(n-1)$

$\displaystyle = \frac{n-1}{12}\{3(n^3-n^2) - 4(2n^2-n) - 6n + 24\}$

$\displaystyle = \frac{n-1}{12}(3n^3-11n^2-2n+24)$

$\displaystyle = \frac{(n-1)(n-2)(n-3)(3n+4)}{12}$ …(答)

☞ $k=n-1$ までの和なので，公式の n を $n-1$ に書き換えた式を用います．

(4) $\displaystyle\sum_{k=0}^{n}(k+1)(k+n) = \sum_{k=0}^{n}\{k^2+(n+1)k+n\}$

$\displaystyle = n + \sum_{k=1}^{n}\{k^2+(n+1)k+n\}$

$\displaystyle = n + \sum_{k=1}^{n}k^2 + (n+1)\sum_{k=1}^{n}k + n\sum_{k=1}^{n}1$

☞ $k=0$ に対する項を独立させます．

☞ n は定数です．

$$= n + \frac{n(n+1)(2n+1)}{6} + (n+1) \cdot \frac{n(n+1)}{2} + n \cdot n$$

$$= \frac{n(n+1)(2n+1)}{6} + (n+1) \cdot \frac{n(n+1)}{2} + n^2 + n$$

$$= \frac{n(n+1)}{6}\{(2n+1) + 3(n+1) + 6\}$$

$$= \frac{n(n+1)}{6} \cdot (5n+10) = \frac{5}{6}n(n+1)(n+2) \quad \cdots (\text{答})$$

☞ 先頭の n と最後の $n \cdot n$ をまとめて
$n + n \cdot n = n(n+1)$
となるので，式の全体を $\frac{n(n+1)}{6}$ でくくります．

練習 8

(1) $n \geqq 2$ のとき

$$\sum_{k=1}^{n}(k-1)^3 = 0^3 + 1^3 + 2^3 + \cdots + (n-1)^3$$

$$= 1^3 + 2^3 + \cdots + (n-1)^3$$

$$= \sum_{l=1}^{n-1} l^3 = \left\{\frac{(n-1)n}{2}\right\}^2$$

$n=1$ のとき

$$\sum_{k=1}^{n}(k-1)^3 = 0^3 = 0$$

以上をまとめて

$$\sum_{k=1}^{n}(k-1)^3 = \frac{n^2(n-1)^2}{4} \quad (n=1, 2, 3, \cdots) \cdots (\text{答})$$

☞ まだ $n=1$ のときに成り立つかどうかは，わかりません．

☞ $\sum_{k=1}^{n}(k-1)^3 = \left\{\frac{(n-1)n}{2}\right\}^2$ に $n=1$ を代入した式に一致しています．

(2) 数列 $1 \cdot 3$, $2 \cdot 4$, $3 \cdot 5$, $\cdots$, $n(n+2)$ において

$$\begin{cases} \text{第 } k \text{ 項は } k(k+2) \text{ であり，} \\ \text{末項は } k=n \text{ に対応する} \end{cases}$$

ことに注目すると

$$1 \cdot 3 + 2 \cdot 4 + 3 \cdot 5 + \cdots + n(n+2) = \sum_{k=1}^{n} k(k+2)$$

$$= \sum_{k=1}^{n}(k^2 + 2k) = \frac{n(n+1)(2n+1)}{6} + 2 \cdot \frac{n(n+1)}{2}$$

$$= \frac{n(n+1)}{6}\{(2n+1) + 6\} = \frac{n(n+1)(2n+7)}{6} \quad \cdots (\text{答})$$

(3) 数列 $(n+1)(2n-1)$, $(n+2)(2n-2)$, $\cdots$,

$(2n-1)(n+1)$ において

$$\begin{cases} \text{第 } k \text{ 項は } (n+k)(2n-k) \text{ であり,} \\ \text{末項は } k=n-1 \text{ に対応する} \end{cases}$$

ことに注目すると

$$(n+1)(2n-1)+(n+2)(2n-2)+\cdots+(2n-1)(n+1)$$

$$=\sum_{k=1}^{n-1}(n+k)(2n-k)=\sum_{k=1}^{n-1}(-k^2+nk+2n^2)$$

$$=-\sum_{k=1}^{n-1}k^2+n\sum_{k=1}^{n-1}k+2n^2\sum_{k=1}^{n-1}1$$

$$=-\frac{(n-1)n(2n-1)}{6}+n\cdot\frac{(n-1)n}{2}+2n^2\cdot(n-1)$$

$$=\frac{(n-1)n}{6}\{-(2n-1)+3n+12n\}$$

$$=\frac{n(n-1)(13n+1)}{6} \quad\cdots\text{(答)}$$

◁ 第 k 項の
　　$(n+k)(2n-k)$
に $k=n-1$ を代入すると
　　$\{n+(n-1)\}\{2n-(n-1)\}$
　　$=(2n-1)(n+1)$
となります.

練習 ⑨

(1) k を自然数とすると

$$\frac{1}{k(k+1)}=\frac{1}{k}-\frac{1}{k+1}$$

が成り立つので

$$\frac{1}{4\cdot5}+\frac{1}{5\cdot6}+\frac{1}{6\cdot7}+\cdots+\frac{1}{18\cdot19}+\frac{1}{19\cdot20}$$

$$=\left(\frac{1}{4}-\frac{1}{5}\right)+\left(\frac{1}{5}-\frac{1}{6}\right)+\left(\frac{1}{6}-\frac{1}{7}\right)+\cdots+\left(\frac{1}{18}-\frac{1}{19}\right)+\left(\frac{1}{19}-\frac{1}{20}\right)$$

$$=\frac{1}{4}-\frac{1}{20}=\frac{5-1}{20}=\frac{1}{5} \quad\cdots\text{(答)}$$

◁ $\dfrac{1}{k(k+1)}$ の分子の 1 を,
次のように書き直していく
とよいでしょう.
$$\frac{1}{k(k+1)}=\frac{(k+1)-k}{k(k+1)}$$
$$=\frac{k+1}{k(k+1)}-\frac{k}{k(k+1)}$$

(2) $k=1, 2, 3, \cdots, n$ に対して

$$\frac{1}{k^2+5k+6}=\frac{1}{(k+2)(k+3)}=\frac{1}{k+2}-\frac{1}{k+3}$$

であるから

$$\sum_{k=1}^{n}\frac{1}{k^2+5k+6}=\sum_{k=1}^{n}\left(\frac{1}{k+2}-\frac{1}{k+3}\right)$$

◁ $\dfrac{1}{(k+2)(k+3)}$ に対し
$$\frac{1}{k+2}-\frac{1}{k+3}$$
を作り, これを通分して元
の式に一致することを確か
めてもよいでしょう.

$$= \left(\frac{1}{3}-\frac{1}{4}\right)+\left(\frac{1}{4}-\frac{1}{5}\right)+\left(\frac{1}{5}-\frac{1}{6}\right)+\cdots+\left(\frac{1}{n+2}-\frac{1}{n+3}\right)$$

$$= \frac{1}{3}-\frac{1}{n+3}=\frac{(n+3)-3}{3(n+3)}=\frac{n}{3(n+3)} \quad \cdots (答)$$

(3) $k=1, 2, 3, \cdots, n$ に対して

$$\frac{1}{4k^2-1}=\frac{1}{(2k-1)(2k+1)}=\frac{1}{2}\left(\frac{1}{2k-1}-\frac{1}{2k+1}\right)$$

であるから

$$\sum_{k=1}^{n}\frac{1}{4k^2-1}=\frac{1}{2}\sum_{k=1}^{n}\left(\frac{1}{2k-1}-\frac{1}{2k+1}\right)$$

$$=\frac{1}{2}\left\{\left(\frac{1}{1}-\frac{1}{3}\right)+\left(\frac{1}{3}-\frac{1}{5}\right)+\left(\frac{1}{5}-\frac{1}{7}\right)+\cdots+\left(\frac{1}{2n-1}-\frac{1}{2n+1}\right)\right\}$$

$$=\frac{1}{2}\left(1-\frac{1}{2n+1}\right)=\frac{1}{2}\cdot\frac{(2n+1)-1}{2n+1}=\frac{n}{2n+1} \quad \cdots (答)$$

☞ $\frac{1}{(2k-1)(2k+1)}$ と変形した段階で, 試しに
$$\frac{1}{2k-1}-\frac{1}{2k+1}$$
$$=\frac{2}{(2k-1)(2k+1)}$$
を作り, この両辺を2で割っても左の式を作ることができます.

練習⑩

(1) $$S=\frac{1}{2}+\frac{2}{2^2}+\frac{3}{2^3}+\cdots+\frac{n}{2^n}$$

$$\therefore \quad \frac{1}{2}S=\quad \frac{1}{2^2}+\frac{2}{2^3}+\cdots+\frac{n-1}{2^n}+\frac{n}{2^{n+1}}$$

辺々を引くと

$$\frac{1}{2}S=\left(\frac{1}{2}+\frac{1}{2^2}+\frac{1}{2^3}+\cdots+\frac{1}{2^n}\right)-\frac{n}{2^{n+1}}$$

$$=\frac{\frac{1}{2}\left\{1-\left(\frac{1}{2}\right)^n\right\}}{1-\frac{1}{2}}-\frac{n}{2^{n+1}}$$

$$=\left(1-\frac{1}{2^n}\right)-\frac{n}{2^{n+1}}=\frac{2^{n+1}-2-n}{2^{n+1}}$$

2倍して

$$S=\frac{2^{n+1}-n-2}{2^n} \quad \cdots (答)$$

☞ 両辺に $\frac{1}{2}$ を掛け, $\left(\frac{1}{2}\right)^k$ の項をたてにそろえて, 辺々引きます.

☞ $\frac{1}{2}+\frac{1}{2^2}+\frac{1}{2^3}+\cdots+\frac{1}{2^n}$ は初項が $\frac{1}{2}$, 公比が $\frac{1}{2}$, 項数が n の等比数列の和です.

(2) $T=\sum_{k=1}^{n}(k+1)2^k$ とおくと

$$T = 2 \cdot 2^1 + 3 \cdot 2^2 + 4 \cdot 2^3 + \cdots + (n+1)2^n \quad \cdots ①$$
$$\therefore \ 2T = \qquad 2 \cdot 2^2 + 3 \cdot 2^3 + \cdots + n \cdot 2^n + (n+1)2^{n+1} \ \cdots ②$$

$n \geq 2$ のとき，辺々を引くと
$$-T = 2 \cdot 2^1 + (2^2 + 2^3 + \cdots + 2^n) - (n+1)2^{n+1}$$
$$= 4 + \frac{4(2^{n-1} - 1)}{2 - 1} - (n+1)2^{n+1}$$
$$\therefore \ -T = 4 + 4(2^{n-1} - 1) - (n+1)2^{n+1} \quad (n \geq 2)$$

☞ $n \geq 2$ であれば
$2^2 + 2^3 + 2^4 + \cdots + 2^n$
は初項が $2^2 = 4$，公比が 2，項数が $n-1$ の等比数列の和です．

$n = 1$ のとき $2^{n-1} - 1 = 0$ であるので，そのときの上の等式は $n = 1$ の場合に ①－② を作った式に一致している．

したがって，$n = 1, 2, 3, \cdots$ に対して
$$-T = 4 \cdot 2^{n-1} - (n+1)2^{n+1} = -n \cdot 2^{n+1}$$
となって
$$\sum_{k=1}^{n}(k+1)2^k = T = n \cdot 2^{n+1} \qquad \cdots (\text{答})$$
$$(n = 1, 2, 3, \cdots)$$

練習⑪

(1) $S_n = \sum_{k=1}^{n} a_k \ (n = 1, 2, 3, \cdots)$ とおくと
$$S_n = n^2 + 2n \quad (n = 1, 2, 3, \cdots)$$
したがって，$n \geq 2$ のとき
$$a_n = S_n - S_{n-1}$$
$$= (n^2 + 2n) - \{(n-1)^2 + 2(n-1)\}$$
$$= (n^2 + 2n) - (n^2 - 1) = 2n + 1$$
さらに
$$a_1 = S_1 = 1^2 + 2 \cdot 1 = 3$$
以上をまとめて
$$a_n = 2n + 1 \quad (n = 1, 2, 3, \cdots) \qquad \cdots (\text{答})$$

☞ $S_n = n^2 + 2n$ の n を $n-1$ に書き換えたものが S_{n-1} です．

☞ これから $a_n = 2n+1$ は $n=1$ のときにも成り立つことがわかります．

(2) 与えられた条件から

$$\frac{1}{x_1}+\frac{1}{x_2}+\cdots+\frac{1}{x_{n-1}}+\frac{1}{x_n}=n^2+1 \quad \cdots ①$$

$n\geqq 2$ のとき，①の n を $n-1$ に書き換えて

$$\frac{1}{x_1}+\frac{1}{x_2}+\cdots+\frac{1}{x_{n-1}}=(n-1)^2+1 \quad \cdots ②$$

☞ ①の左辺は n 番目までの和なので，②の左辺は先頭から $n-1$ 番目までの和になります．

①－② により

$$\frac{1}{x_n}=(n^2+1)-\{(n-1)^2+1\}=2n-1 \quad (n\geqq 2)$$

$$\therefore \quad x_n=\frac{1}{2n-1} \quad (n=2,\ 3,\ 4,\ \cdots)$$

一方，①で $n=1$ として

$$\frac{1}{x_1}=2 \quad \therefore \quad x_1=\frac{1}{2}$$

☞ これから $x_n=\dfrac{1}{2n-1}$ は $n=1$ のとき成り立たないことがわかります．

以上により

$$x_n=\begin{cases}\dfrac{1}{2}&(n=1 \text{ のとき}) \\ \dfrac{1}{2n-1}&(n\geqq 2 \text{ のとき})\end{cases} \quad \cdots (\text{答})$$

練習⑫

(1) $\quad \{x_n\}:5,\ 7,\ 3,\ 11,\ -5,\ \cdots$

その階差数列：$2,\ -4,\ 8,\ -16,\ \cdots$

数列 $\{x_n\}$ の階差数列が等比数列であることは認めてよい．上のように，等比数列の初項は 2，公比は -2 であるので，$n\geqq 2$ であれば階差数列の初項から第 $n-1$ 項までの和は

$$\frac{2\{1-(-2)^{n-1}\}}{1-(-2)}=\frac{2-2(-2)^{n-1}}{3}$$
$$=\frac{2+(-2)^n}{3}$$

☞ 第 $n-1$ 項までの和なので，等比数列の和の公式の n を $n-1$ に書き換えた式を用います．

したがって

$$x_n = x_1 + \frac{2+(-2)^n}{3} \quad (n \geqq 2)$$

$n=1$ のとき，この等式は $x_1 = x_1$ となり成り立つ．
$x_1 = 5$ を代入し

$$x_n = \frac{17+(-2)^n}{3} \quad (n=1, 2, 3, \cdots) \quad \cdots\text{(答)}$$

☜ $n \geqq 2$ のとき
$$x_n = x_1 + \begin{pmatrix}\text{階差数列の第}\\ n-1 \text{項までの和}\end{pmatrix}$$
となります．

(2) 数列 $\{a_n\}$ の階差数列は等差数列であるので，その初項を b，公差を d とおくと，第 n 項 b_n は
$$b_n = b + (n-1)d \quad (n=1, 2, 3, \cdots)$$
と表される．$a_{n+1} - a_n = b_n \ (n=1, 2, 3, \cdots)$ であるので

$$\begin{cases} a_3 - a_1 = b_1 + b_2 \\ a_5 - a_3 = b_3 + b_4 \end{cases}$$

が成り立つ．よって

$$\begin{cases} 1 = b + (b+d) \\ 21 = (b+2d) + (b+3d) \end{cases} \therefore \begin{cases} 2b + d = 1 \\ 2b + 5d = 21 \end{cases}$$

したがって，$b = -2, \ d = 5$ となる．

$n \geqq 2$ であれば，初項が $b = -2$，公差が $d = 5$ の等差数列の初項から第 $n-1$ 項までの和は

$$\frac{(n-1)\{2b+(n-2)d\}}{2} = \frac{(n-1)\{-4+5(n-2)\}}{2}$$
$$= \frac{(n-1)(5n-14)}{2}$$

となる．したがって

$$a_n = a_1 + \frac{(n-1)(5n-14)}{2} \quad (n \geqq 2)$$

$n=1$ のとき，この等式は $a_1 = a_1$ となって成り立つ．
$a_1 = 2$ を代入して

$$a_n = \frac{5n^2 - 19n + 18}{2}$$
$$= \frac{(n-2)(5n-9)}{2} \quad (n=1, 2, 3, \cdots) \cdots\text{(答)}$$

☜ $a_5 - a_1 = b_1 + b_2 + b_3 + b_4$
を用いてもよいでしょう．

☜ 項の個数が少ないので，項を b, d を使って具体的に書き表すのが有効です．

第 2 節　数列の和　13

第3節 漸化式・数学的帰納法

練習13

$$x_{n+1} = -2x_n + 3 \quad (n=1, 2, 3, \cdots) \quad \cdots ①$$

を変形して

$$x_{n+1} - \alpha = -2(x_n - \alpha) \quad \cdots ②$$

が導けたとする．② を整理すると

$$x_{n+1} = -2x_n + 3\alpha$$

となる．これは ① と一致するので

$$3\alpha = 3 \quad \therefore \quad \alpha = 1 \quad \cdots (答)$$

したがって，② は

$$x_{n+1} - 1 = -2(x_n - 1) \quad (n=1, 2, 3, \cdots)$$

となり，数列 $\{x_n - 1\}$ は公比が -2 の等比数列である．よって

$$x_n - 1 = (-2)^{n-1}(x_1 - 1) = 3(-2)^{n-1}$$

$$\therefore \quad x_n = 1 + 3(-2)^{n-1} \quad (n=1, 2, 3, \cdots) \quad \cdots (答)$$

> $\begin{array}{r} x_{n+1} = -2x_n + 3 \\ -) \quad \alpha = -2\alpha + 3 \quad \cdots ③ \\ \hline x_{n+1} - \alpha = -2(x_n - \alpha) \end{array}$
> として ② を導いてもよいでしょう．α の値は ③ から
> $$\alpha = 1$$
> とわかります．

n	1	2	3	4	5
x_n	4	-5	13	-23	49
$x_n - 1$	3	-6	12	-24	48

練習14

(1) すべての自然数 n に対して

$$a_{n+1} + 3 = 2(a_n + 3)$$

が成り立つので，数列 $\{a_n + 3\}$ は公比が 2 の等比数列となる．したがって

$$a_n + 3 = 2^{n-1}(a_1 + 3) = 2^n$$

$$\therefore \quad a_n = 2^n - 3 \quad (n=1, 2, 3, \cdots) \quad \cdots (答)$$

> $a_{n+1} = 2a_n + 3$ を変形して
> $$a_{n+1} - \alpha = 2(a_n - \alpha) \cdots (*)$$
> を導くことを考えます．$(*)$ は $a_{n+1} = 2a_n - \alpha$ と整理されるので，最初の式と比べて $\alpha = -3$ となり，左の式が導かれます．
>
> もちろん $\alpha = 2\alpha + 3$ という等式を作り，$\alpha = -3$ と $(*)$ を導いてもよいでしょう．

n	1	2	3	4	5	$\cdots$	n	$\cdots$
a_n	-1	1	5	13	29	$\cdots$	$2^n - 3$	$\cdots$
$a_n + 3$	2	4	8	16	32	$\cdots$	2^n	$\cdots$

(2) 与えられた漸化式は

$$x_{n+1} - x_n = 2n - 1 \quad (n=1, 2, 3, \cdots)$$

と変形されるので，数列 $\{x_n\}$ の階差数列の第 n 項は $2n-1$ と表される．$n \geq 2$ のとき，階差数列の初項から第 $n-1$ 項までの和は

$$\sum_{k=1}^{n-1}(2k-1) = 2 \cdot \frac{(n-1)n}{2} - (n-1) = (n-1)^2$$

したがって
$$x_n = x_1 + (n-1)^2 \quad (n \geq 2)$$

$n=1$ のとき，この等式は $x_1 = x_1$ となって成り立つ．$x_1 = -4$ を代入し

$$x_n = (n-1)^2 - 2^2 = (n-3)(n+1) \quad \cdots (\text{答})$$
$$(n=1, 2, 3, \cdots)$$

☞ $n \geq 2$ のとき
$x_n = x_1 + \begin{pmatrix} \text{階差数列の第} \\ n-1 \text{項までの和} \end{pmatrix}$
となります．

【別解】

$$x_{k+1} - x_k = 2k-1 \quad (k=1, 2, 3, \cdots) \quad \cdots ①$$

$n \geq 2$ のとき，$k=1, 2, 3, \cdots, n-1$ に対する ① を作って並べると

$$x_2 - x_1 = 1$$
$$x_3 - x_2 = 3$$
$$x_4 - x_3 = 5$$
$$\vdots$$
$$x_n - x_{n-1} = 2n-3$$

これら $n-1$ 個の等式を加えて

$$x_n - x_1 = 1 + 3 + 5 + \cdots + (2n-3)$$

この右辺は項数が $n-1$ の等差数列の和であるので

$$x_n - x_1 = \frac{(n-1)\{1+(2n-3)\}}{2}$$
$$\therefore \quad x_n - x_1 = (n-1)^2 \quad (n \geq 2)$$

$n=1$ のとき，この等式は $x_1 - x_1 = 0$ となって成り立つ．$x_1 = -4$ を代入し

$$x_n = (n-1)^2 - 2^2 = (n-3)(n+1) \quad \cdots (\text{答})$$
$$(n=1, 2, 3, \cdots)$$

☞ x_n を求めるのですから，① に $k=n-1$ を代入した式を最後にします．

☞ 初項が a，末項が l，項数が n の等差数列の和は
$$\frac{n(a+l)}{2}$$
です．

第 3 節　漸化式・数学的帰納法

練習⑮

$a_{n+1} = 4a_n + 3^n$ $(n=1, 2, 3, \cdots)$ の両辺を 3^{n+1} で割って

$$\frac{a_{n+1}}{3^{n+1}} = \frac{4}{3} \cdot \frac{a_n}{3^n} + \frac{1}{3}$$

$x_n = \dfrac{a_n}{3^n}$ $(n=1, 2, 3, \cdots)$ とおくと

$$x_{n+1} = \frac{4}{3}x_n + \frac{1}{3}$$

$\therefore \quad x_{n+1} + 1 = \dfrac{4}{3}(x_n + 1)$ $(n=1, 2, 3, \cdots)$

☞ $\alpha = \dfrac{4}{3}\alpha + \dfrac{1}{3}$ を満たす α を用いて
$$x_{n+1} - \alpha = \frac{4}{3}(x_n - \alpha)$$
と変形します．α の値は -1 です．

よって，数列 $\{x_n + 1\}$ は公比が $\dfrac{4}{3}$ の等比数列となり

$$x_n + 1 = \left(\frac{4}{3}\right)^{n-1}(x_1 + 1) \quad (n=1, 2, 3, \cdots)$$

$x_1 = \dfrac{a_1}{3} = \dfrac{1}{3}$ であるから $x_n = \left(\dfrac{4}{3}\right)^n - 1$

したがって

$$a_n = 3^n x_n = 4^n - 3^n \quad (n=1, 2, 3, \cdots) \quad \cdots \text{(答)}$$

【別解】

$a_{k+1} = 4a_k + 3^k$ $(k=1, 2, 3, \cdots)$ の両辺を 4^{k+1} で割って

$$\frac{a_{k+1}}{4^{k+1}} - \frac{a_k}{4^k} = \frac{1}{4} \cdot \left(\frac{3}{4}\right)^k \quad \cdots ①$$

$n \geq 2$ のとき，$k=1, 2, 3, \cdots, n-1$ に対する ① を作り，辺々を加えると

$$\frac{a_n}{4^n} - \frac{a_1}{4} = \frac{1}{4}\left\{\frac{3}{4} + \left(\frac{3}{4}\right)^2 + \left(\frac{3}{4}\right)^3 + \cdots + \left(\frac{3}{4}\right)^{n-1}\right\}$$

☞
$$\frac{a_2}{4^2} - \frac{a_1}{4^1} = \frac{1}{4}\left(\frac{3}{4}\right)$$
$$\frac{a_3}{4^3} - \frac{a_2}{4^2} = \frac{1}{4}\left(\frac{3}{4}\right)^2$$
$$\frac{a_4}{4^4} - \frac{a_3}{4^3} = \frac{1}{4}\left(\frac{3}{4}\right)^3$$
$$\vdots$$
$$\frac{a_n}{4^n} - \frac{a_{n-1}}{4^{n-1}} = \frac{1}{4}\left(\frac{3}{4}\right)^{n-1}$$
これらの辺々を加えます．

ここで，$\{\ \}$ 内は初項が $\dfrac{3}{4}$，公比が $\dfrac{3}{4}$，項数が $n-1$ の等比数列の和であるから

$$\frac{a_n}{4^n} - \frac{a_1}{4} = \frac{1}{4} \cdot \frac{\frac{3}{4}\left\{1-\left(\frac{3}{4}\right)^{n-1}\right\}}{1-\frac{3}{4}}$$

$$= \frac{3}{4}\left\{1-\left(\frac{3}{4}\right)^{n-1}\right\} \quad (n \geqq 2)$$

$n=1$ のとき，この等式は $\dfrac{a_1}{4} - \dfrac{a_1}{4} = 0$ となって成り立つ．

$a_1=1$ を代入し，整理すると

$$\frac{a_n}{4^n} = 1 - \left(\frac{3}{4}\right)^n$$

$\therefore \quad a_n = 4^n - 3^n \quad (n=1,\ 2,\ 3,\ \cdots) \quad \cdots\text{(答)}$

練習⑯

与えられた漸化式から

$$\begin{cases} a_{n+2} = 3a_{n+1} + 4(n+1) \\ a_{n+1} = 3a_n\ \ \ + 4n \end{cases}$$

辺々引いて $b_n = a_{n+1} - a_n \quad (n=1,\ 2,\ 3,\ \cdots)$ とおくと

$$b_{n+1} = 3b_n + 4$$

$\therefore \quad b_{n+1} + 2 = 3(b_n + 2) \quad (n=1,\ 2,\ 3,\ \cdots)$

したがって，数列 $\{b_n + 2\}$ は公比が 3 の等比数列で

$$b_n + 2 = 3^{n-1}(b_1 + 2) \quad (n=1,\ 2,\ 3,\ \cdots) \quad \cdots ①$$

一方，与えられた漸化式で $n=1$ として，$a_1=0$ を用いると

$$a_2 = 3a_1 + 4 = 4$$

よって，$b_1 = a_2 - a_1 = 4$ となり，① は

$$b_n = 6 \cdot 3^{n-1} - 2 = 2 \cdot 3^n - 2 \quad (n=1,\ 2,\ 3,\ \cdots)$$

この b_n を $a_{n+1} - a_n$ に戻した式と与えられた漸化式を並べると

> 下段の式の n を $n+1$ に書き換えた式が上段です．

> $\alpha = 3\alpha + 4$ を満たす α を用いて
> $b_{n+1} - \alpha = 3(b_n - \alpha)$
> と変形します．α の値は -2 です．

$$\begin{cases} a_{n+1}-a_n=2\cdot 3^n-2 \\ a_{n+1}-3a_n=4n \end{cases} \quad (n=1,\ 2,\ 3,\ \cdots)$$

辺々引いて 2 で割ると

$$a_n=3^n-2n-1 \quad (n=1,\ 2,\ 3,\ \cdots) \quad \cdots(\text{答})$$

☞ a_n と a_{n+1} の連立方程式だと思って，a_n を求めます．

【別解 1】

$a_{n+1}=3a_n+4n \quad (n=1,\ 2,\ 3,\ \cdots)$ を変形して

$$a_{n+1}+p(n+1)+q=3(a_n+pn+q) \quad \cdots ②$$

が導けたとする．ただし，p，q は定数．② を整理して

$$a_{n+1}=3a_n+2pn-p+2q$$

これと元の漸化式を比較することにより

$$2pn+(-p+2q)=4n$$

が n についての恒等式となる．したがって

$$\begin{cases} 2p=4 \\ -p+2q=0 \end{cases} \quad \therefore \quad \begin{cases} p=2 \\ q=1 \end{cases}$$

☞ 数列 $\{a_n+pn+q\}$ が公比 3 の等比数列となるような，定数 p，q の値を求めます．

よって，② は

$$a_{n+1}+2(n+1)+1=3(a_n+2n+1)$$

これがすべての自然数 n に対して成り立つので，数列 $\{a_n+2n+1\}$ は公比が 3 の等比数列となり

$$a_n+2n+1=3^{n-1}(a_1+2+1)=3^n$$

$$\therefore \quad a_n=3^n-2n-1 \quad (n=1,\ 2,\ 3,\ \cdots) \quad \cdots(\text{答})$$

n	a_n	a_n+2n+1
1	0	$a_1+3=3$
2	4	$a_2+5=9$
3	20	$a_3+7=27$
4	72	$a_4+9=81$
5	232	$a_5+11=243$

【別解 2】

$a_{n+1}=3a_n+4n \quad (n=1,\ 2,\ 3,\ \cdots)$ から

$$a_{n+1}+2n=3(a_n+2n) \quad \cdots ③$$

が導かれる．そこで

$$x_n=a_n+2n \quad (n=1,\ 2,\ 3,\ \cdots)$$

とおく．$x_{n+1}=a_{n+1}+2n+2$ であるので，③ は

$$x_{n+1}-2=3x_n$$

$$\therefore \quad x_{n+1}+1=3(x_n+1) \quad (n=1,\ 2,\ 3,\ \cdots)$$

☞ $a_{n+1}+2n=x_{n+1}-2$ を用いて ③ の左辺を書き直します．

したがって，数列 $\{x_n+1\}$ は公比が 3 の等比数列となり

$$x_n+1=3^{n-1}(x_1+1) \quad (n=1,\ 2,\ 3,\ \cdots)$$

$x_1 = a_1 + 2 = 2$ であるので
$$x_n = 3^n - 1 \quad (n=1,\ 2,\ 3,\ \cdots)$$
以上により
$$a_n = x_n - 2n = 3^n - 2n - 1 \quad (n=1,\ 2,\ 3,\ \cdots) \cdots (答)$$

練習⑰

与えられた条件により
$$\begin{cases} S_{n+1} = 2a_{n+1} + n + 1 \\ S_n = 2a_n + n \end{cases} \quad \cdots ①$$

辺々引いて $S_{n+1} - S_n = a_{n+1}$ を用いると
$$a_{n+1} = 2a_{n+1} - 2a_n + 1$$
$$\therefore \quad a_{n+1} = 2a_n - 1$$

したがって,すべての自然数 n に対して
$$a_{n+1} - 1 = 2(a_n - 1)$$

が成り立ち,数列 $\{a_n - 1\}$ は公比が2の等比数列となる.よって
$$a_n - 1 = 2^{n-1}(a_1 - 1) \quad (n=1,\ 2,\ 3,\ \cdots) \quad \cdots ②$$

一方,①に $n=1$ を代入し,$S_1 = a_1$ を用いると
$$a_1 = 2a_1 + 1 \quad \therefore \quad a_1 = -1$$

この値を②に代入し
$$a_n = 1 - 2 \cdot 2^{n-1} = 1 - 2^n \quad \cdots (答)$$
$$(n=1,\ 2,\ 3,\ \cdots)$$

☞ 下段の①の n を $n+1$ に書き換えて,上段の式を作ります.

☞ $\alpha = 2\alpha - 1$ を満たす α を用いて
$$a_{n+1} - \alpha = 2(a_n - \alpha)$$
と変形します.α の値は1とわかります.

練習⑱

$$a_{n+2} + 2a_{n+1} - 3a_n = 0 \quad (n=1,\ 2,\ 3,\ \cdots) \quad \cdots ①$$

を変形して
$$a_{n+2} - \alpha a_{n+1} = \beta(a_{n+1} - \alpha a_n) \quad \cdots ②$$

が導けたとする.②を整理して
$$a_{n+2} - (\alpha + \beta)a_{n+1} + \alpha\beta a_n = 0$$

☞ 数列 $\{a_{n+1} - \alpha a_n\}$ が公比 β の等比数列となるような $\alpha,\ \beta$ を選びます.

これと ① を比較して
$$\alpha + \beta = -2, \quad \alpha\beta = -3$$
を得るので，α, β は 2 次方程式
$$x^2 + 2x - 3 = 0$$
の 2 解である．$(x+3)(x-1)=0$ から $x=-3, 1$ となるので
$$(\alpha, \beta) = (-3, 1), (1, -3)$$
したがって，② は
$$\begin{cases} a_{n+2} + 3a_{n+1} = a_{n+1} + 3a_n \\ a_{n+2} - a_{n+1} = -3(a_{n+1} - a_n) \end{cases}$$
となり，数列 $\{a_{n+1} + 3a_n\}$ の隣り合う 2 項の値はどこも等しく，数列 $\{a_{n+1} - a_n\}$ は公比が -3 の等比数列である．よって
$$\begin{cases} a_{n+1} + 3a_n = a_2 + 3a_1 = 1 \\ a_{n+1} - a_n = (-3)^{n-1}(a_2 - a_1) = (-3)^n \end{cases}$$
辺々引いて 4 で割ることにより
$$a_n = \frac{1}{4}\{1 - (-3)^n\} \quad (n=1, 2, 3, \cdots) \quad \cdots (答)$$

> $\alpha + \beta = p, \alpha\beta = q$ を満たす α, β は，2 次方程式
> $$x^2 - px + q = 0$$
> の 2 解です．

> $\{a_n\}$: 1, -2, 7, -20, 61, $\cdots$
> $\{a_{n+1}+3a_n\}$: 1, 1, 1, 1, $\cdots$
> $\{a_{n+1}-a_n\}$: -3, 9, -27, 81, $\cdots$

練習 19

(1) 与えられた漸化式から
$$\begin{cases} a_{n+2} + a_{n+1} = 2(a_{n+1} + a_n) \\ a_{n+2} - 2a_{n+1} = -(a_{n+1} - 2a_n) \end{cases} \quad (n=1, 2, 3, \cdots)$$

したがって，数列 $\{a_{n+1} + a_n\}$ は公比が 2 の等比数列で，数列 $\{a_{n+1} - 2a_n\}$ は公比が -1 の等比数列であり
$$\begin{cases} a_{n+1} + a_n = 2^{n-1}(a_2 + a_1) = 6 \cdot 2^{n-1} \\ a_{n+1} - 2a_n = (-1)^{n-1}(a_2 - 2a_1) = -3(-1)^{n-1} \end{cases}$$
$$\therefore \begin{cases} a_{n+1} + a_n = 3 \cdot 2^n \\ a_{n+1} - 2a_n = 3(-1)^n \end{cases} \quad (n=1, 2, 3, \cdots)$$

辺々引いて 3 で割って
$$a_n = 2^n - (-1)^n \quad (n=1, 2, 3, \cdots) \quad \cdots (答)$$

> $a_{n+2} - a_{n+1} - 2a_n = 0$ に対して
> $$x^2 - x - 2 = 0$$
> の 2 解 α, β を用いて
> $$a_{n+2} - \alpha a_{n+1}$$
> $$= \beta(a_{n+1} - \alpha a_n)$$
> を導きます．2 次方程式から
> $(\alpha, \beta) = (-1, 2), (2, -1)$
> となります．

(2) 与えられた漸化式から
$$x_{n+2}-3x_{n+1}=3(x_{n+1}-3x_n) \quad (n=1, 2, 3, \cdots)$$
したがって，数列 $\{x_{n+1}-3x_n\}$ は公比が 3 の等比数列となり
$$x_{n+1}-3x_n=3^{n-1}(x_2-3x_1)$$
$x_1=1$, $x_2=4$ であるので
$$x_{n+1}-3x_n=3^{n-1} \quad (n=1, 2, 3, \cdots)$$
両辺を 3^{n+1} で割って
$$\frac{x_{n+1}}{3^{n+1}}-\frac{x_n}{3^n}=\frac{1}{9} \quad (一定)$$
これがすべての自然数 n に対して成り立つので，数列 $\left\{\dfrac{x_n}{3^n}\right\}$ は公差が $\dfrac{1}{9}$ の等差数列となり
$$\frac{x_n}{3^n}=\frac{x_1}{3}+\frac{1}{9}(n-1)=\frac{n+2}{9}$$
∴ $x_n=(n+2)\cdot 3^{n-2} \quad (n=1, 2, 3, \cdots)\cdots$ (答)

☜ $x_{n+2}-6x_{n+1}+9x_n=0$ に対して
$$t^2-6t+9=0$$
を作ります．これが $t=3$ を重解にもつことに注目して漸化式を変形します．

練習 20

$$1\cdot 3\cdot 5\cdot\cdots\cdot(2n-1)\cdot 2^n=(n+1)(n+2)\cdot\cdots\cdot(n+n) \quad \cdots(*)$$

(ア) $n=1$ のとき (*) の左辺は $1\cdot 2^1=2$，右辺は $1+1=2$ であるので
「$n=1$ のとき (*) は成り立つ．」

(イ) 自然数 k に対して
$$1\cdot 3\cdot 5\cdot\cdots\cdot(2k-1)\cdot 2^k=(k+1)(k+2)\cdot\cdots\cdot 2k$$
が成り立つと仮定する．

⎡ **目標** $n=k+1$ のときの (*) つまり
$$1\cdot 3\cdot 5\cdot\cdots\cdot(2k-1)(2k+1)\cdot 2^{k+1}$$
$$=\{(k+1)+1\}\{(k+1)+2\}\cdot\cdots\cdot(2k+2)$$
を示す．これについて (左辺)−(右辺)=0 を言えばよい． ⎦

☜ $A=B$ を示すために
$$A-B=0$$
を証明します．

すると

$$1\cdot 3\cdot 5\cdots\cdots(2k-1)(2k+1)\cdot 2^{k+1}$$
$$-(k+2)(k+3)\cdots\cdots 2k\cdot(2k+1)(2k+2)$$
$$=1\cdot 3\cdot 5\cdots\cdots(2k-1)\cdot 2^k\times 2(2k+1)$$
$$-(k+2)(k+3)\cdots\cdots 2k\cdot(2k+1)(2k+2)$$
$$=(k+1)(k+2)\cdots\cdots 2k\times 2(2k+1)$$
$$-(k+2)(k+3)\cdots\cdots 2k\cdot(2k+1)(2k+2)$$
$$=(k+2)(k+3)\cdots\cdots 2k\cdot(2k+1)\times\{2(k+1)-(2k+2)\}$$
$$=(k+2)(k+3)\cdots\cdots 2k\cdot(2k+1)\times 0=0$$
$$\therefore\quad 1\cdot 3\cdot 5\cdots\cdots(2k+1)\cdot 2^{k+1}$$
$$=(k+2)(k+3)\cdots\cdots(2k+2)$$

※ $1\cdot 3\cdot 5\cdots\cdots(2k-1)\cdot 2^k$ の部分を，仮定を用いて $(k+1)(k+2)\cdots\cdots 2k$ に置き換えます．

したがって

「$n=k$ のとき(∗)が成り立てば

$n=k+1$ において(∗)は成り立つ．」

(ア)の結論と(イ)の結論から，数学的帰納法により

「すべての自然数 n に対し(∗)は成り立つ．」

練習㉑

$$3^n\geqq n^2+2 \qquad\cdots(*)$$

(ア) $n=1$ のとき(∗)の左辺は $3^1=3$，右辺は $1^2+2=3$ であるから

「$n=1$ のとき(∗)は成り立つ．」

(イ) 自然数 k に対して $3^k\geqq k^2+2$ が成り立つと仮定する．

> **目標** $n=k+1$ のときの(∗) つまり
> $$3^{k+1}\geqq (k+1)^2+2$$
> を示す．これについて (左辺)−(右辺)≧0 を言えばよい．

※ $A\geqq B$ を示すために $A-B\geqq 0$ を証明します．

すると
$$3^{k+1}-\{(k+1)^2+2\}$$
$$=3\cdot 3^k-(k^2+2k+3)$$
$$\geqq 3(k^2+2)-(k^2+2k+3)$$
$$=2k^2-2k+3$$
$$=2k(k-1)+3\geqq 0$$
$$\therefore\quad 3^{k+1}\geqq (k+1)^2+2$$

☞ 仮定を用いて 3^k を，より小さな k^2+2 に置き換えます．式全体の値も小さくなります．
「小さい」と書きましたが厳密には「小さいか，もしくは等しい」です．

したがって
「$n=k$ のとき(∗)が成り立てば
$n=k+1$ において(∗)は成り立つ.」

(ア)の結論と(イ)の結論から，数学的帰納法により
「すべての自然数 n に対し(∗)は成り立つ.」

練習㉒

漸化式を繰り返し用いることにより

$$a_2=\frac{a_1-1}{4a_1-3}=\frac{0-1}{0-3}=\frac{1}{3}$$

$$a_3=\frac{a_2-1}{4a_2-3}=\frac{\frac{1}{3}-1}{4\cdot\frac{1}{3}-3}=\frac{1-3}{4-9}=\frac{2}{5}$$

☞ $\dfrac{\frac{1}{3}-1}{4\cdot\frac{1}{3}-3}$ の分子と分母に 3 を掛けて整理しました．

$$a_4=\frac{a_3-1}{4a_3-3}=\frac{\frac{2}{5}-1}{4\cdot\frac{2}{5}-3}=\frac{2-5}{8-15}=\frac{3}{7}$$

$a_1=\dfrac{0}{1}$ であることと合わせて

$$a_n=\frac{n-1}{2n-1}\qquad\cdots(*)$$

☞ この段階では，正しいかどうかまだわかりません．数学的帰納法で証明する必要があります．

であると予想される．

(ア) $a_1=0$ であるので

　　　「$n=1$ のとき (*) は成り立つ.」

(イ) $a_k=\dfrac{k-1}{2k-1}$ （k は自然数）であると仮定すると

$$a_{k+1}=\frac{a_k-1}{4a_k-3}=\frac{\dfrac{k-1}{2k-1}-1}{4\cdot\dfrac{k-1}{2k-1}-3}$$

$$=\frac{(k-1)-(2k-1)}{4(k-1)-3(2k-1)}$$

$$=\frac{-k}{-2k-1}=\frac{k}{2k+1}$$

（注）$\dfrac{\dfrac{k-1}{2k-1}-1}{4\cdot\dfrac{k-1}{2k-1}-3}$ の分子と分母に $2k-1$ を掛けて整理します.

となるので

　　　「$n=k$ のとき (*) が成り立てば

　　　　$n=k+1$ において (*) は成り立つ.」

(ア)の結論と(イ)の結論から，数学的帰納法により

　　　「すべての自然数 n に対し (*) は成り立つ.」

したがって

$$a_n=\frac{n-1}{2n-1} \quad (n=1,\ 2,\ 3,\ \cdots) \quad \cdots（答）$$

第4節 数列の特徴をとらえる

練習㉓

(1) 与えられた条件により
$$a_n = -32 + 4(n-1) = 4(n-9) \quad (n=1, 2, 3, \cdots)$$
$a_1, a_2, \cdots, a_8$ は負，a_9 は 0 で，$a_{10}, a_{11}, a_{12}, \cdots$ は正である．さらに $n \geqq 2$ のとき $S_n - S_{n-1} = a_n$ であるので

$$\begin{cases} n=2, 3, \cdots, 8 \text{ のとき} & S_n - S_{n-1} = a_n < 0 \\ n=9 \text{ のとき} & S_9 - S_8 = a_9 = 0 \\ n=10, 11, 12, \cdots \text{ のとき} & S_n - S_{n-1} = a_n > 0 \end{cases}$$

> $n=2, 3, \cdots, 8$ のとき
> $S_{n-1} > S_n$
> $n=10, 11, 12, \cdots$ のとき
> $S_{n-1} < S_n$
> となります．

したがって

$$\begin{cases} S_1 > S_2 > S_3 > \cdots > S_7 > S_8 \\ S_8 = S_9 \\ S_9 < S_{10} < S_{11} < \cdots \end{cases}$$

が成り立ち，$n=8, 9$ のとき S_n は最小となる．

$$S_8 = \frac{8(a_1 + a_8)}{2} = \frac{8(-32-4)}{2} = -144$$

であるので

S_n の最小値は -144 ……(答)

> 初項と公差を用いて
> $$S_8 = \frac{8\{2(-32) + 4 \cdot 7\}}{2}$$
> $$= \frac{8 \times (-36)}{2}$$
> としてもよいでしょう．

(2) 与えられた条件から
$$x_{n+1} - x_n = n(n+1) - 60 \quad (n=1, 2, 3, \cdots) \quad \cdots ①$$

ここで $7 \cdot 8 = 56$，$8 \cdot 9 = 72$ であることに注意して，①の右辺の正負を考えることにより

$$\begin{cases} n=1, 2, 3, \cdots, 7 \text{ のとき} & x_{n+1} - x_n < 0 \\ n=8, 9, 10, \cdots \text{ のとき} & x_{n+1} - x_n > 0 \end{cases}$$

したがって

$$\begin{cases} x_1 > x_2 > x_3 > \cdots > x_7 > x_8 \\ x_8 < x_9 < x_{10} < \cdots \end{cases}$$

が成り立ち，x_n を最小にする n は $n=8$ である．

$x_1=0$ と ① により, x_n の最小値は

$$x_8 = x_1 + \sum_{k=1}^{7}(k^2+k-60)$$
$$= 0 + \frac{7\cdot 8\cdot 15}{6} + \frac{7\cdot 8}{2} - 60\cdot 7 = -252 \quad \cdots(答)$$

☞ $n \geqq 2$ のとき
$$x_n = x_1 + \begin{pmatrix} 階差数列の第 \\ n-1 項までの和 \end{pmatrix}$$
となります.

練習 24

数列 $\{a_n\}$ の階差数列を $\{b_n\}$ とおくと
$$a_{n+1} - a_n = b_n \quad (n=1, 2, 3, \cdots) \quad \cdots①$$
$b_1 = a_2 - a_1 = -18$ であり,数列 $\{b_n\}$ は等差数列であるので,その公差を d とすると
$$b_n = -18 + (n-1)d \quad (n=1, 2, 3, \cdots) \quad \cdots②$$
いま,

「a_n を最小にする n が $n=5$ のみである」 $\cdots(*)$

という条件を満たす整数 d を考える.

$(*) \Longrightarrow$ 「$a_4 > a_5$ かつ $a_5 < a_6$」
であることと, ①, ② により

☞ a_5 は他の a_n の値より小さくなります.

$$\begin{cases} 0 > a_5 - a_4 = b_4 = 3d - 18 \\ 0 < a_6 - a_5 = b_5 = 4d - 18 \end{cases}$$

$$\therefore \quad \frac{9}{2} < d < 6$$

d は整数であるので, $d=5$ となり, ② は
$$b_n = 5n - 23 \quad (n=1, 2, 3, \cdots) \quad \cdots③$$

☞ $d=5$ は必要条件です. $(*)$ の成立を確認しなければなりません.

よって, b_1, b_2, b_3, b_4 は負, $b_5, b_6, b_7, \cdots$ は正となるので, ① と合わせて

$$\begin{cases} n=1, 2, 3, 4 \text{ のとき} \quad a_{n+1} - a_n < 0 \\ n=5, 6, 7, \cdots \text{ のとき} \quad a_{n+1} - a_n > 0 \end{cases}$$

☞ b_n の正,負から a_n と a_{n+1} の大小を調べます.

$$\therefore \quad \begin{cases} a_1 > a_2 > a_3 > a_4 > a_5 \\ a_5 < a_6 < a_7 < a_8 < \cdots \end{cases}$$

したがって, $d=5$ のとき $(*)$ は満たされる.

③から
$$a_5 = a_1 + (b_1 + b_2 + b_3 + b_4)$$
$$= 30 + (-18 - 13 - 8 - 3) = -12 \quad \cdots(\text{答})$$

練習 25

等差数列 $a_1, a_2, a_3, \cdots, a_n$ の項の和が 30 であるから
$$\frac{n(a_1 + a_n)}{2} = 30$$
$a_1 = 1, a_n = 2$ を代入し
$$n = 20 \quad \cdots(\text{答})$$

☞ 初項が a, 末項が l, 項数が n の等差数列の和は
$$\frac{n(a+l)}{2}$$
です.

$a_1, a_2, \cdots, a_{20}$ の間に,順に $b_1, b_2, \cdots, b_{19}$ をはさみ込んで,次の等差数列をつくる.

$$a_1, \underbrace{b_1, a_2}_{+d\ +d}, \underbrace{b_2,}_{+d} \cdots, a_{18}, \underbrace{b_{18}, a_{19}}_{+d\ +d}, \underbrace{b_{19}, a_{20}}_{+d\ +d}$$

この等差数列の公差を d とおくと
$$\begin{cases} b_1 = a_1 + d = 1 + d \\ b_{19} = a_{20} - d = 2 - d \end{cases}$$

☞ $b_{19} + d = a_{20}$ なので
$$b_{19} = a_{20} - d$$
となります.

であり,数列 $b_1, b_2, b_3, \cdots, b_{19}$ も公差が $2d$ の等差数列となる.したがって
$$b_1 + b_2 + b_3 + \cdots + b_{19}$$
$$= \frac{19(b_1 + b_{19})}{2} = \frac{19 \cdot 3}{2} = \frac{57}{2} \quad \cdots(\text{答})$$

練習 26

$$\begin{cases} a_1 + a_2 + \cdots + a_n = 10 & \cdots \text{①} \\ a_1 + a_2 + \cdots + a_n + a_{n+1} + \cdots + a_{2n} = 30 & \end{cases}$$

であるから
$$a_{n+1} + a_{n+2} + \cdots + a_{2n} = 20 \quad \cdots \text{②}$$

等比数列 $\{a_k\}$ の公比を r とすると $a_{k+1} = r a_k$

$$\underbrace{a_k, \xrightarrow{\times k} a_{k+1}, \xrightarrow{\times k} a_{k+2}, \xrightarrow{\times k} \cdots, a_{k+n-1}, \xrightarrow{\times k} a_{k+n}}_{(\times k \text{ を } n \text{ 回繰り返す})}$$

したがって，すべての自然数 k に対して
$$a_{n+k} = r^n \cdot a_k \qquad \cdots ③$$
$k=1, 2, 3, \cdots, n$ に対する ③ を ② に代入すると
$$r^n(a_1 + a_2 + \cdots + a_n) = 20$$

☞ $\begin{array}{c} a_1 + a_2 + \cdots + a_n \\ \times r^n \downarrow \downarrow \cdots \downarrow \\ a_{n+1} + a_{n+2} + \cdots + a_{2n} \end{array}$

① を代入して
$$r^n = 2$$
を得るので，③ は
$$a_{n+k} = 2a_k \quad (k=1, 2, 3, \cdots)$$
これと ② により
$$a_{2n+1} + a_{2n+2} + \cdots + a_{3n}$$
$$= 2a_{n+1} + 2a_{n+2} + \cdots + 2a_{2n}$$
$$= 2(a_{n+1} + a_{n+2} + \cdots + a_{2n}) = 40$$

☞ $\begin{array}{c} a_{n+1} + a_{n+2} + \cdots + a_{2n} \\ \times r^n \downarrow \downarrow \cdots \downarrow \\ a_{2n+1} + a_{2n+2} + \cdots + a_{3n} \end{array}$

を得る．以上により
$$S_{3n} = (a_1 + a_2 + \cdots + a_{2n}) + (a_{2n+1} + \cdots + a_{3n})$$
$$= 30 + 40 = 70 \qquad \cdots (\text{答})$$

【別解】

等比数列 $\{a_k\}$ の初項を a, 公比を r とする．

仮に $r=1$ であるとすると，数列 $\{a_k\}$ には一定の値が並ぶこととなり，$S_{2n} = 2S_n$ となる．これは与えられた条件に矛盾するので
$$r \neq 1$$
とわかる．したがって，$S_n = 10$, $S_{2n} = 30$ から
$$\begin{cases} \dfrac{a(r^n - 1)}{r - 1} = 10 & \cdots ④ \\ \dfrac{a(r^{2n} - 1)}{r - 1} = 30 \end{cases}$$

☞ $S_n = \begin{cases} \dfrac{a(r^n-1)}{r-1} & (r \neq 1) \\ na & (r=1) \end{cases}$
のどちらの式を使うのかを，最初に検討します．

☞ $r^{2n} - 1 = (r^n)^2 - 1^2$
$\qquad = (r^n - 1)(r^n + 1)$
と変形します．

2番目の等式は
$$\frac{a(r^n-1)}{r-1}\cdot(r^n+1)=30$$
と変形されるので，④ を代入し
$$r^n+1=3 \quad \therefore \quad r^n=2$$
これと ④ を用いて
$$S_{3n}=\frac{a(r^{3n}-1)}{r-1}$$
$$=\frac{a(r^n-1)}{r-1}\cdot(r^{2n}+r^n+1)$$
$$=10(2^2+2+1)=70 \qquad \cdots（答）$$

☞ $r^{3n}-1=(r^n)^3-1^3$
$\qquad =(r^n-1)(r^{2n}+r^n+1)$
となります。

$$\boxed{\begin{array}{l} x^3-y^3 \\ =(x-y)(x^2+xy+y^2) \end{array}}$$

練習㉗

自然数を小さい方から 9 個ずつ組にしていく．
このとき，k 番目の組
$$(9k-8,\ 9k-7,\ 9k-6,\ \cdots,\ 9k-3,\ \cdots,\ 9k)$$
の中で 3 の倍数であって 9 の倍数でない数は
$$9k-6,\ 9k-3$$
の 2 数である．9 個の数の組のいずれについても，この条件を満たす数は 2 個ずつ含まれるので
$$\begin{cases} a_{2k-1}=9k-6 \\ a_{2k}\ \ =9k-3 \end{cases}$$

1 番目の等式で $2k-1=n$ $\left(k=\dfrac{n+1}{2}\right)$ とおき，2 番目の等式において $2k=n$ $\left(k=\dfrac{n}{2}\right)$ とすることにより
$$a_n=\begin{cases} \dfrac{9n-3}{2} & (n\text{ が奇数のとき}) \\ \dfrac{9n-6}{2} & (n\text{ が偶数のとき}) \end{cases} \qquad \cdots（答）$$

☞ $(1,\ 2,\ ③,\ \cdots,\ ⑥,\ \cdots,\ 9)$,
$(10, 11, ⑫, \cdots, ⑮, \cdots, 18)$,
$(19, 20, ㉑, \cdots, ㉔, \cdots, 27)$
$\cdots$
○印が 3 の倍数であって 9 の倍数でない数です．

☞ a_n を n で表すために，添字を n に書き直します．

第 4 節 数列の特徴をとらえる

練習 28

$$10m \quad 10(m+1) \quad 10(m+2) \quad \cdots \quad 10(n-1) \quad 10n$$
$$10k \quad 10(k+1)$$

2 と 5 の最小公倍数が 10 であることに注目する.

k を自然数とし, $10k \leq x < 10(k+1)$ を満たし, 2 と 5 の少なくとも一方で割り切れる整数 x の和を S_k とおく.

$$\begin{aligned}
S_k &= 10k + (10k+2) + (10k+4) \\
&\quad + (10k+5) + (10k+6) + (10k+8) \\
&= 60k + (2+4+5+6+8) \\
&= 60k + 25 \qquad \cdots ①
\end{aligned}$$

求める和を T とすると
$$T = S_m + S_{m+1} + S_{m+2} + \cdots + S_{n-1} \qquad \cdots ②$$

① から
$$S_{k+1} - S_k = 60 \quad (\text{一定})$$

が導かれ, 数列 $\{S_k\}$ は等差数列となる. したがって, ② は項数が $n-m$ の等差数列の和であり,
$$T = \frac{(n-m)(S_m + S_{n-1})}{2}$$

① から $S_m = 60m + 25$, $S_{n-1} = 60n - 35$ を得るので
$$\begin{aligned}
T &= \frac{(n-m)(60m + 60n - 10)}{2} \\
&= 5(n-m)(6m + 6n - 1) \qquad \cdots (\text{答})
\end{aligned}$$

☞ 図で ● ○ の表す区間ごとに, 2 と 5 の少なくとも一方で割り切れる整数の和を求め, 合計します.

☞ 2 と 5 の少なくとも一方で割り切れる整数は, 「1 の位が 0, 2, 4, 5, 6, 8 である」整数です.

練習 29

m, d を定数とする. 等差数列をなす 5 数を
$$m-2d, \ m-d, \ m, \ m+d, \ m+2d \qquad \cdots (*)$$
とおく. 与えられた条件により
$$\begin{cases} (m-2d) + (m-d) + m + (m+d) + (m+2d) = 20 & \cdots ① \\ (m-2d)^2 + (m-d)^2 + m^2 + (m+d)^2 + (m+2d)^2 = 100 & \cdots ② \end{cases}$$

① から $5m = 20$ となって $m = 4$

☞ 等差数列をなす 5 数の中央の項を m とおきました.

$$m-2d \quad m-d \quad m \quad m+d \quad m+2d$$
$$-d \quad -d \quad +d \quad +d$$

② を整理すると　$5m^2+10d^2=100$
$m=4$ を代入すると　$d^2=2$　となって　$d=\pm\sqrt{2}$
したがって，(*)の5数は
　　$4-2\sqrt{2}$，$4-\sqrt{2}$，4，$4+\sqrt{2}$，$4+2\sqrt{2}$　　…(答)

第5節　2次元に広がる数列

練習 30

$3^y \diagdown 2^x$	1	2	2^2	$\cdots$	2^m
1	$1\cdot 1$	$2\cdot 1$	$2^2\cdot 1$	$\cdots$	$2^m\cdot 1$
3	$1\cdot 3$	$2\cdot 3$	$2^2\cdot 3$	$\cdots$	$2^m\cdot 3$
3^2	$1\cdot 3^2$	$2\cdot 3^2$	$2^2\cdot 3^2$	$\cdots$	$2^m\cdot 3^2$
$\vdots$	$\vdots$	$\vdots$	$\vdots$		$\vdots$
3^{n-1}	$1\cdot 3^{n-1}$	$2\cdot 3^{n-1}$	$2^2\cdot 3^{n-1}$	$\cdots$	$2^m\cdot 3^{n-1}$
3^n	$1\cdot 3^n$	$2\cdot 3^n$	$2^2\cdot 3^n$	$\cdots$	$2^m\cdot 3^n$

☞ $2^m 3^n$ の正の約数
$$2^x 3^y$$
$\begin{pmatrix} x=0,\ 1,\ 2,\ \cdots,\ m \\ y=0,\ 1,\ 2,\ \cdots,\ n \end{pmatrix}$
を x, y に注目して並べています．例えば2行目は $y=1$ に対応し，その和は
$$1\cdot 3+2\cdot 3+2^2\cdot 3 \\ +\cdots +2^m\cdot 3 \\ =(1+2+2^2+\cdots+2^m)\cdot 3$$
です．

$2^m 3^n$ の正の約数は上の表のようになる．このうち

$$\begin{cases} 1\text{行目の合計は} & (1+2+2^2+\cdots+2^m)\cdot 1 \\ 2\text{行目の合計は} & (1+2+2^2+\cdots+2^m)\cdot 3 \\ 3\text{行目の合計は} & (1+2+2^2+\cdots+2^m)\cdot 3^2 \\ & \vdots \\ n\text{行目の合計は} & (1+2+2^2+\cdots+2^m)\cdot 3^{n-1} \\ n+1\text{行目の合計は} & (1+2+2^2+\cdots+2^m)\cdot 3^n \end{cases}$$

となる．したがって，$2^m 3^n$ の正の約数 $(m+1)(n+1)$ 個の総和は

$$(1+2+2^2+\cdots+2^m)(1+3+3^2+\cdots+3^{n-1}+3^n)$$
$$=\frac{1(2^{m+1}-1)}{2-1}\cdot \frac{1(3^{n+1}-1)}{3-1}$$
$$=\frac{(2^{m+1}-1)(3^{n+1}-1)}{2} \quad \cdots\text{(答)}$$

☞ $1+2+2^2+\cdots+2^m$ は初項が1，公比が2，項数が $m+1$ の等比数列の和です．

練習 31

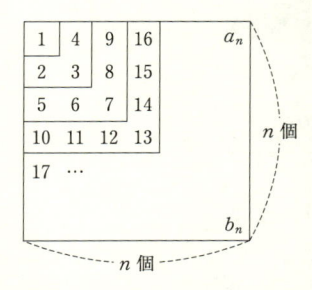

(1) 1辺に n 個の自然数が並ぶ正方形には全部で n^2 個の自然数が含まれる．正方形には1から小さい順に n^2 個の自然数が並び，右上の数 a_n はその最後であるから
$$a_n = n^2 \qquad \cdots (\text{答})$$

(2) 正方形の右側の辺に沿って b_n から a_n まで n 個の自然数が並ぶので
$$b_n = a_n - (n-1)$$
$$= n^2 - n + 1$$

対角線上の数を順に並べてできる数列
$$1, \ 3, \ 7, \ \cdots, \ b_n$$
の第 k 項 ($k = 1, \ 2, \ \cdots, \ n$) は b_k であるから，この数列の和は
$$1 + 3 + 7 + \cdots + b_n = \sum_{k=1}^{n} b_k$$
$$= \sum_{k=1}^{n} (k^2 - k + 1)$$
$$= \frac{n(n+1)(2n+1)}{6} - \frac{n(n+1)}{2} + n$$
$$= \frac{n}{6} \{(2n^2 + 3n + 1) - 3(n+1) + 6\}$$
$$= \frac{n}{6}(2n^2 + 4) = \frac{n(n^2+2)}{3} \qquad \cdots (\text{答})$$

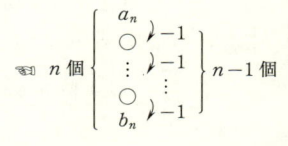

☞ n 個 $\left\{\begin{array}{l} a_n \\ \bigcirc \\ \vdots \\ \bigcirc \\ b_n \end{array}\right.\begin{array}{l} \}-1 \\ \}-1 \\ \vdots \\ \}-1 \end{array}\right\} n-1$ 個

☞ 対角線上の k 番目の数は，1辺に k 個の自然数が並ぶ正方形の右下に位置します．

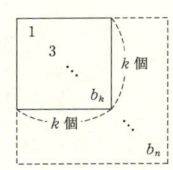

第5節 2次元に広がる数列

練習 32

この数列のうち，2^n の正の約数 $n+1$ 個を小さい順に並べた部分を A_n とする．つまり

$$A_n : 1,\ 2,\ 2^2,\ 2^3,\ \cdots,\ 2^n \quad (n+1 \text{ 個})$$

(1) この数列の第 50 項が A_m に含まれるとする．

A_1 : 1, 2, （2 個）
A_2 : 1, 2, 2^2 （3 個）
A_3 : 1, 2, 2^2, 2^3 （4 個）
$\vdots$
A_{m-1} : 1, 2, 2^2, $\cdots$, 2^{m-1} （m 個）
A_m : 1, $\cdots$, （第 50 項），$\cdots$, 2^m （$m+1$ 個）

☞ ▨ の部分の項の個数は
$2+3+4+\cdots+m$
▨ の部分の項の個数は
$2+3+4+\cdots+(m+1)$
です．

$m \geqq 2$ であり

$$2+3+4+\cdots+m < 50 \leqq 2+3+4+\cdots+(m+1)$$

が成り立つので，

$$\frac{(m-1)(2+m)}{2} < 50 \leqq \frac{m\{2+(m+1)\}}{2}$$

$$\therefore\ \frac{(m-1)(m+2)}{2} < 50 \leqq \frac{m(m+3)}{2}$$

☞ 先頭から第 50 項までに 50 個の項があるので，この個数と図の三角形状の部分に含まれる項の個数を比べます．

ここで，$\dfrac{8 \cdot 11}{2} = 44$，$\dfrac{9 \cdot 12}{2} = 54$ であるから，この不等式を満たす 2 以上の整数 m は

$$m = 9$$

（第 50 項は A_9 に含まれる）

さらに A_1, A_2, $\cdots$, A_8 には全部で 44 個の項が含まれ，$50 - 44 = 6$ であるから

「第 50 項は A_9 の 6 番目である．」 $\cdots$(*)

したがって

「第 50 項は 2^5 である．」 $\cdots$（答）

☞ A_9 には次のように項が並びます．
1, 2^1, 2^2, 2^3, 2^4, 2^5, 2^6, 2^7, 2^8, 2^9

(2) A_n に含まれる $n+1$ 個の項の和を S_n とおくと

$$S_n = 1 + 2 + 2^2 + 2^3 + \cdots + 2^n$$

$$= \frac{1(2^{n+1}-1)}{2-1} = 2^{n+1}-1 \qquad \cdots ①$$

この数列の初項から第 50 項までの和を T とおく．(*) により

$$T=(S_1+S_2+S_3+\cdots+S_8)+(1+2+2^2+\cdots+2^5) \quad \cdots ②$$

となる．ここで，① により

$$S_1+S_2+S_3+\cdots+S_8$$
$$=(2^2-1)+(2^3-1)+(2^4-1)+\cdots+(2^9-1)$$
$$=(2^2+2^3+2^4+\cdots+2^9)-8$$
$$=\frac{2^2(2^8-1)}{2-1}-8=2^{10}-12=1012$$

また

$$1+2+2^2+\cdots+2^5=\frac{1\cdot(2^6-1)}{2-1}=63$$

したがって，② から

$$T=1012+63=1075 \qquad \cdots（答）$$

A_1：(和は S_1)
A_2：(和は S_2)
$\vdots$
A_8：(和は S_8)
A_9：1, 2, $\cdots$, 2^5
（第 50 項）

練習 33

数列 $\{a_n\}$ は初項が 1，公差が 2 の等差数列であるから

$$a_n=1+2(n-1)=2n-1 \qquad \cdots (*)$$
$$(n=1,\ 2,\ 3,\ \cdots)$$

(1) $A_1,\ A_2,\ A_3,\ \cdots,\ A_m$ に含まれる項の個数の合計は

$$2^1+2^2+2^3+\cdots+2^m$$
$$=\frac{2(2^m-1)}{2-1}=2^{m+1}-2$$

よって，A_m の最後の項は数列 $\{a_n\}$ の第 $2^{m+1}-2$ 項である．(*) に $n=2^{m+1}-2$ を代入することにより，A_m の最後の項は

$$2(2^{m+1}-2)-1=2^{m+2}-5 \qquad \cdots（答）$$

となる．

A_1：1, 3 　　　（2 個）
A_2：5, 7, 9, 11 （2^2 個）
$\vdots$ 　　　　　　$\vdots$
A_m：〇〇$\cdots$● （2^m 個）
これらの項の個数の合計が，そのまま●の項の順番になります．

(2) $m \geqq 2$ であれば，(1) により A_{m-1} の最後の項は
$$2^{m+1}-5$$
となる．したがって，A_m の最初の項は
$$(2^{m+1}-5)+2=2^{m+1}-3 \quad (m \geqq 2)$$
これは $m=1$ のときも成り立っている．
したがって，A_m に含まれる項は
「初項が $2^{m+1}-3$，末項が $2^{m+2}-5$，
項数が 2^m の等差数列」
となって，それらの総和は

◢ 公差が2の等差数列 $\{a_n\}$ の中で，A_{m-1} の最後の項の次の項が A_m の先頭です．

$$\frac{2^m\{(2^{m+1}-3)+(2^{m+2}-5)\}}{2}$$
$$=\frac{2^m \cdot (1+2)2^{m+1}-8 \cdot 2^m}{2}$$
$$=3 \cdot 2^{2m}-2^{m+2} \quad (m=1, 2, 3, \cdots) \quad \cdots(答)$$

◢ $2^{m+2}=2 \cdot 2^{m+1}$

練習 34

```
y
5 (36)-(35)-(34)-(33)-(32)-(31)
4 (25)-(24)-(23)-(22)-(21) (30)
3 (16)-(15)-(14)-(13) (20) (29)
2  (9)-(8)-(7) (12) (19) (28)
1  (4)-(3) (6) (11) (18) (27)
O  (1) (2) (5) (10) (17) (26) → x
    1  2  3  4  5
```

(1) 4点 $(0, 0)$, $(n, 0)$, (n, n), $(0, n)$ を頂点とする正方形に注目する．この正方形の1辺に $n+1$ 個の格子点が並ぶので，正方形全体では $(n+1)^2$ 個の格子点がある．これらの格子点には1から小さい順に上の図のように番号がついていく．点 $(0, n)$ にはこの正方形上の格子点で最大の番号がつくので，

「点 $(0, n)$ につけられる番号は $(n+1)^2$」…(答)
$(n=1, 2, 3, \cdots)$

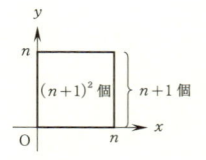

36

(2) 番号が 500 である格子点が，点 $(n, 0)$ から点 (n, n) へ至り，そこで折れ曲って点 $(0, n)$ へ至る折れ線上にあるとする．このとき $n \geqq 2$ であり
$$n^2 < 500 \leqq (n+1)^2$$
が成り立つ．$22^2 = 484$，$23^2 = 529$ であるから，この不等式を満たす 2 以上の整数 n は
$$n = 22$$

4 点 $(0, 0)$，$(21, 0)$，$(21, 21)$，$(0, 21)$ を頂点とする正方形の周と内部全体に 484 個の格子点があり，$500 - 484 = 16$ であるから

「番号が 500 の点は，2 点 $(22, 0)$ と $(22, 22)$ を結ぶ線分上で，下から 16 番目の格子点である」
したがって
　　　「番号が 500 の点の座標は $(22, 15)$」　…(答)

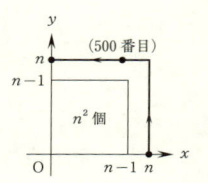

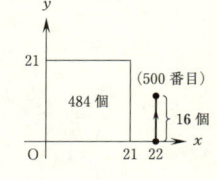

練習 35

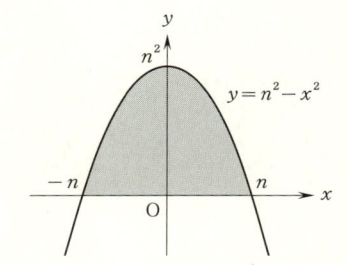

不等式 $0 \leqq y \leqq n^2 - x^2$ の表す領域は上の図の網目の部分（境界を含む）である．この領域は y 軸に関して対称であるので，この領域の格子点を次の (ア)，(イ)，(ウ) に分類して個数を求める．

$\begin{cases} \text{(ア)} \ \ 直線 x = 1, \ 2, \ 3, \ \cdots, \ n \ 上にあるもの． \\ \text{(イ)} \ \ y \ 軸上にあるもの． \\ \text{(ウ)} \ \ 直線 x = -1, \ -2, \ \cdots, \ -n \ 上にあるもの． \end{cases}$

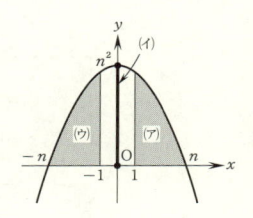

直線 $x=k$ と放物線 $y=n^2-x^2$ から
$$y=n^2-k^2$$
よって，$k=1, 2, 3, \cdots, n$ のとき，この領域上の格子点のうち，直線 $x=k$ 上にあるものの個数は
$$(n^2-k^2)+1=(n^2+1)-k^2$$
k について加えることにより，(ア)の格子点の個数は
$$\sum_{k=1}^{n}\{(n^2+1)-k^2\}=(n^2+1)\sum_{k=1}^{n}1-\sum_{k=1}^{n}k^2$$
$$=(n^2+1)\cdot n-\frac{n(n+1)(2n+1)}{6} \quad \cdots ①$$

また，$0 \leq y \leq n^2-x^2$ を満たす格子点のうち，(ウ)の個数も ① に等しい．

さらに，(イ)の格子点の個数は n^2+1 である．

以上により，(ア)，(イ)，(ウ)の個数の合計は
$$2\left\{(n^2+1)\cdot n-\frac{n(n+1)(2n+1)}{6}\right\}+(n^2+1)$$
$$=(n^2+1)(2n+1)-\frac{n(n+1)(2n+1)}{3}$$
$$=\frac{2n+1}{3}\{3(n^2+1)-(n^2+n)\}$$
$$=\frac{(2n+1)(2n^2-n+3)}{3} \quad \cdots (答)$$

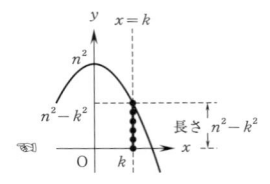

図の線分上の格子点の個数は (長さ)+1 となります．

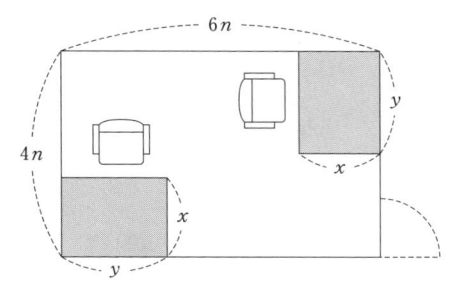

練習 36

自然数 x, y は
$$0 < x \leq y < 4n \quad \cdots ①$$
を満たす．2つの机が共有点をもつのは
$$x + y \geq 4n \quad \text{かつ} \quad x + y \geq 6n$$
となる場合であるから，
$$x + y \geq 6n \quad \cdots ②$$

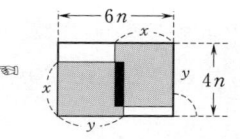

☞ $4n \leq x + y < 6n$ のときは，次のように机は重なりません．

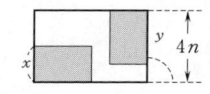

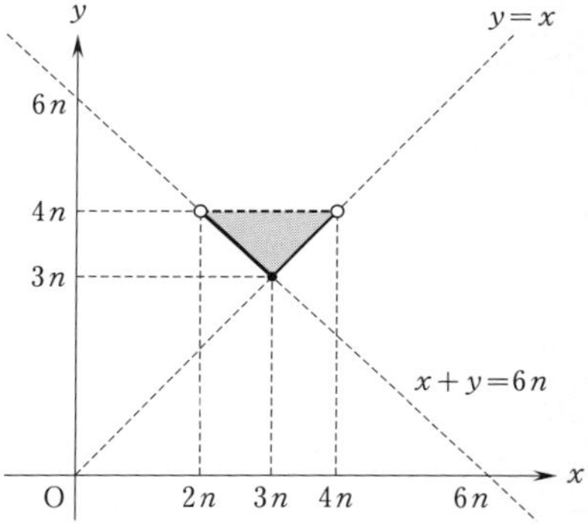

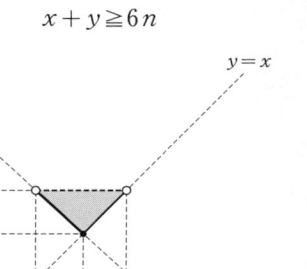

(① かつ ②) の表す領域は図の網目の部分（境界は直線 $y = 4n$ 上を含まず，他の境界は含む）である．2つの机が重なってしまうような自然数の組 (x, y) の個数 N は ①, ② をともに満たす格子点の個数に一致する．

①, ② を満たす格子点のうち，n 本の直線
$$y = 3n, \ y = 3n + 1, \ y = 3n + 2, \ \cdots, \ y = 4n - 1$$
上にあるものの個数を順に並べると
$$1, \ 3, \ 5, \ \cdots, \ 2n - 1 \quad \cdots (*)$$
となる．

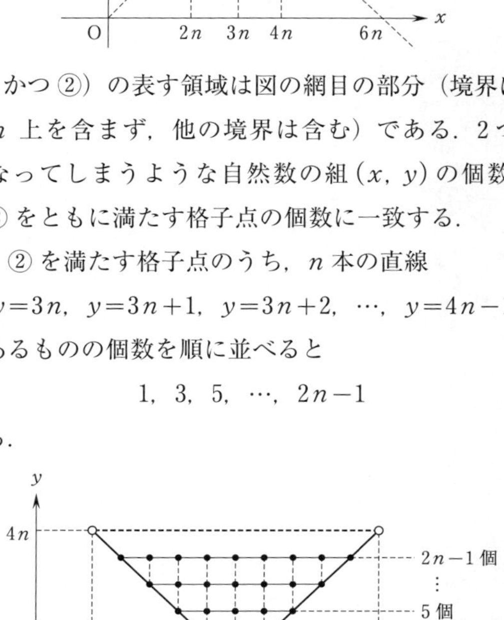

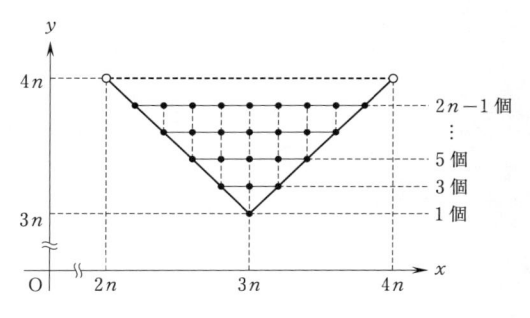

☞ 横に並ぶ格子点の個数（右側の数）に注目し，これらを下から加えていきます．

第5節　2次元に広がる数列　39

2点 $(2n, 4n)$, $(3n, 3n)$ を結ぶ直線の傾きが -1 で，2点 $(3n, 3n)$, $(4n, 4n)$ を結ぶ直線の傾きが 1 であるので，(∗)の数列は公差が 2 の等差数列で，その和は
$$\frac{n\{1+(2n-1)\}}{2}=n^2$$
となる．したがって，2つの机が重なってしまうような自然数の組 (x, y) の個数は
$$N=n^2 \quad (n=1, 2, 3, \cdots) \qquad \cdots (答)$$

☞ 初項が 1，末項が $2n-1$，項数が n の等差数列の和を求めています．

第6節 隣り合う2つの項の関係を探る

練習 37

$$\begin{cases} a_{n+1}=2a_n+ b_n & \cdots ① \\ b_{n+1}= a_n+2b_n & \cdots ② \end{cases}$$

①+② と ①−② を作ると

$$\begin{cases} a_{n+1}+b_{n+1}=3(a_n+b_n) \\ a_{n+1}-b_{n+1}= a_n-b_n \end{cases}$$

これらがすべての自然数 n に対して成り立つので，数列 $\{a_n+b_n\}$ は公比が3の等比数列で，数列 $\{a_n-b_n\}$ には一定の値が並ぶ．したがって

$$\begin{cases} a_n+b_n=3^{n-1}(a_1+b_1)=2\cdot 3^n & \cdots ③ \\ a_n-b_n=a_1-b_1=2 & \cdots ④ \end{cases}$$

$(③+④)\times\dfrac{1}{2}$, $(③-④)\times\dfrac{1}{2}$ を作ることにより

$$\begin{cases} a_n=3^n+1 \\ b_n=3^n-1 \end{cases} \quad (n=1,\ 2,\ 3,\ \cdots) \quad \cdots (答)$$

☞ ①+②×α を作ります．
$a_{n+1}+\alpha b_{n+1}$
$=(2+\alpha)a_n+(1+2\alpha)b_n$
これが
$a_{n+1}+\alpha b_{n+1}$
$=\beta(a_n+\alpha b_n)$
となるとして係数を比べると $\alpha=1,\ -1$ が導けます．
①+② と ①−② を作ればよいことがわかります．

☞ $a_1=4,\ b_1=2$ です．

練習 38

$$a_{n+1}=\dfrac{2a_n}{a_n+1} \quad (n=1,\ 2,\ 3,\ \cdots) \quad \cdots ①$$

①により「$a_n\neq 0$ ならば $a_{n+1}\neq 0$」
さらに $a_1=\dfrac{2}{3}$ であるので $a_1\neq 0$
以上から数学的帰納法により

$$a_n\neq 0 \quad (n=1,\ 2,\ 3,\ \cdots)$$

そこで①の両辺の逆数をとると

$$\dfrac{1}{a_{n+1}}=\dfrac{a_n+1}{2a_n}=\dfrac{1}{2}+\dfrac{1}{2}\cdot\dfrac{1}{a_n}$$

$x_n=\dfrac{1}{a_n} \quad (n=1,\ 2,\ 3,\ \cdots)$ とおくと

☞ 右辺の分子は項が1つだけしかありません．このような場合，両辺の逆数をとって
$$\dfrac{1}{a_{n+1}}=\dfrac{a_n+1}{2a_n}$$
とした方が，分母が簡単で扱いやすくなります．ただし，その前に
$a_{n+1}\neq 0,\ 2a_n\neq 0$
を確認しておく必要があります．

$$x_{n+1} = \frac{1}{2}x_n + \frac{1}{2}$$

$$\therefore \quad x_{n+1} - 1 = \frac{1}{2}(x_n - 1)$$

☞ $\alpha = \frac{1}{2}\alpha + \frac{1}{2}$ を満たす α を用いて
$$x_{n+1} - \alpha = \frac{1}{2}(x_n - \alpha)$$
と変形します. α の値は 1 です.

これがすべての自然数 n に対して成り立つので, 数列 $\{x_n - 1\}$ は公比が $\frac{1}{2}$ の等比数列となる. したがって

$$x_n - 1 = \left(\frac{1}{2}\right)^{n-1}(x_1 - 1) \quad (n = 1, 2, 3, \cdots)$$

$x_1 = \frac{1}{a_1} = \frac{3}{2}$ であるから

$$x_n = \left(\frac{1}{2}\right)^n + 1 = \frac{1 + 2^n}{2^n}$$

$$\therefore \quad a_n = \frac{1}{x_n} = \frac{2^n}{2^n + 1} \quad (n = 1, 2, 3, \cdots) \quad \cdots (答)$$

【別解】

$$a_{n+1} = \frac{2a_n}{a_n + 1} \quad (n = 1, 2, 3, \cdots) \quad \cdots ①$$

の両辺から 1 を引くと

$$a_{n+1} - 1 = \frac{2a_n - (a_n + 1)}{a_n + 1} = \frac{a_n - 1}{a_n + 1} \quad \cdots ②$$

☞ 方程式 $x = \frac{2x}{x+1}$ の解が $x = 0, 1$ であることに注目して, ① を変形します.

② により「$a_n - 1 \neq 0$ ならば $a_{n+1} - 1 \neq 0$」

$a_1 = \frac{2}{3}$ であるから $a_1 - 1 \neq 0$

したがって, 数学的帰納法により

$$a_n - 1 \neq 0 \quad (n = 1, 2, 3, \cdots)$$

そこで $\frac{①}{②}$ を作ると

$$\frac{a_{n+1}}{a_{n+1} - 1} = 2 \cdot \frac{a_n}{a_n - 1} \quad (n = 1, 2, 3, \cdots)$$

☞ $a_n \neq 0$ を示して $\frac{②}{①}$ を作ることもできます. 解答の
$$x_{n+1} - 1 = \frac{1}{2}(x_n - 1)$$
に相当する式ができます.

よって数列 $\left\{\dfrac{a_n}{a_n - 1}\right\}$ は公比が 2 の等比数列で

$$\frac{a_n}{a_n - 1} = 2^{n-1} \cdot \frac{a_1}{a_1 - 1} = -2^n \quad (n = 1, 2, 3, \cdots)$$

これから $a_n = -2^n a_n + 2^n$ が導かれるので

$$a_n = \frac{2^n}{2^n+1} \quad (n=1, 2, 3, \cdots) \quad \cdots(答)$$

練習 39

(1) 最初は A, B に 1 リットルずつ水が入っている.

A の水の半分を B へ移すと

$$\text{A に } \frac{1}{2} \text{ リットル, B に } \frac{3}{2} \text{ リットル}$$

の水が入る. この B の水の半分を A に加えたときの A の水の量が a_1 であるので

$$a_1 = \frac{1}{2} + \frac{3}{2} \times \frac{1}{2} = \frac{5}{4} \quad \cdots(答)$$

(2) n 回目の操作を終えて A に a_n リットル, B に $2-a_n$ リットルの水が入っている. $n+1$ 回目の操作により水が次の図のように移る.

☞ 容器 A, B に入っている水の量の合計はいつでも 2 リットルです.

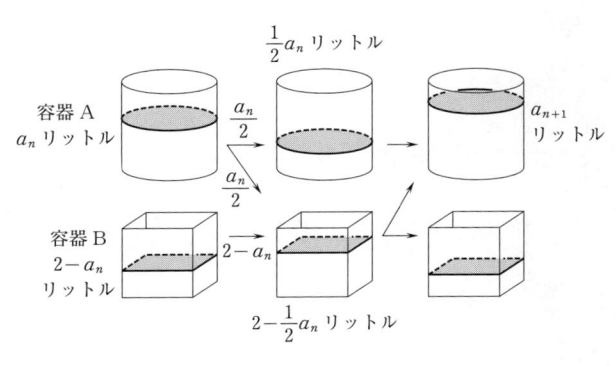

☞ 中央上の A の水の量に, 中央下の B の水の量の半分を加えた値が a_{n+1} となります.

したがって,

$$a_{n+1} = \frac{1}{2}a_n + \frac{1}{2}\left(2 - \frac{1}{2}a_n\right)$$

第 6 節 隣り合う 2 つの項の関係を探る

$$\therefore \quad a_{n+1} = \frac{1}{4}a_n + 1 \quad (n=1,\ 2,\ 3,\ \cdots) \quad \cdots (答)$$

(3) (2)の結果により

$$a_{n+1} - \frac{4}{3} = \frac{1}{4}\left(a_n - \frac{4}{3}\right)$$

これがすべての自然数 n に対して成り立つので，数列 $\left\{a_n - \frac{4}{3}\right\}$ は公比が $\frac{1}{4}$ の等比数列となり

$$a_n - \frac{4}{3} = \left(\frac{1}{4}\right)^{n-1}\left(a_1 - \frac{4}{3}\right) = -\frac{1}{12}\cdot\left(\frac{1}{4}\right)^{n-1}$$

$$\therefore \quad a_n = \frac{4}{3} - \frac{1}{3}\left(\frac{1}{4}\right)^n \quad (n=1,\ 2,\ 3,\ \cdots) \quad \cdots (答)$$

☞ $\alpha = \frac{1}{4}\alpha + 1$ を満たす α を用いて

$$a_{n+1} - \alpha = \frac{1}{4}(a_n - \alpha)$$

と変形します．α の値は $\alpha = \frac{4}{3}$ と求まります．

《参考》

最初に容器 A に入っている水の量は 1 リットルですから $a_0 = 1$ と定めます．

すると(2)で求めた漸化式 $a_{n+1} = \frac{1}{4}a_n + 1$ は $n=0$ に対しても成り立ちます．結局

$$a_{n+1} - \frac{4}{3} = \frac{1}{4}\left(a_n - \frac{4}{3}\right) \quad (n=0,\ 1,\ 2,\ \cdots)$$

が成り立ち，数列 $\left\{a_n - \frac{4}{3}\right\}$ $(n \geqq 0)$ は公比 $\frac{1}{4}$ の等比数列となります．ただ，この数列の初項は $a_0 - \frac{4}{3}$，$a_n - \frac{4}{3}$ は $n+1$ 番目であることに注意してください．

$$a_n - \frac{4}{3} = \left(\frac{1}{4}\right)^n\left(a_0 - \frac{4}{3}\right) \quad (n=0,\ 1,\ 2,\ \cdots)$$

となって $a_n = \frac{4}{3} - \frac{1}{3}\left(\frac{1}{4}\right)^n$ が導かれます．

練習 ㊵

(1) サイコロを $n+1$ 回振って 6 の目が偶数回出るのは，次の場合である．

回	1　2　…　n	$n+1$	確　率
サイコロの目	6 の目が偶数回出る	1, 2, 3, 4, 5	$p_n \times \dfrac{5}{6}$
	6 の目が奇数回出る	6	$(1-p_n) \times \dfrac{1}{6}$

☞ p_n は「n 回振って 6 の目が偶数回出る」確率，p_{n+1} は『$n+1$ 回振って 6 の目が偶数回出る』確率で，この 2 つを比較します．『　』の事象について分析します．

☞ 「n 回振って 6 の目が奇数回出る」確率は $1-p_n$ です．

したがって，その確率について
$$p_{n+1} = \frac{5}{6}p_n + \frac{1}{6}(1-p_n)$$
$$\therefore \quad p_{n+1} = \frac{2}{3}p_n + \frac{1}{6} \quad (n=1, 2, 3, \cdots) \quad \cdots (\text{答})$$

(2) (1) の結果から
$$p_{n+1} - \frac{1}{2} = \frac{2}{3}\left(p_n - \frac{1}{2}\right)$$

これがすべての自然数 n に対して成り立つので，数列 $\left\{p_n - \dfrac{1}{2}\right\}$ は公比が $\dfrac{2}{3}$ の等比数列となり

$$p_n - \frac{1}{2} = \left(\frac{2}{3}\right)^{n-1}\left(p_1 - \frac{1}{2}\right) \quad (n=1, 2, 3, \cdots)$$

☞ $\alpha = \dfrac{2}{3}\alpha + \dfrac{1}{6}$ を満たす α を用いて，漸化式を
$$p_{n+1} - \alpha = \frac{2}{3}(p_n - \alpha)$$
と変形します．α の値は $\alpha = \dfrac{1}{2}$ です．

サイコロを 1 回振って 6 の目が偶数回（つまり 0 回）出る確率は $p_1 = \dfrac{5}{6}$ であるから

$$p_n = \frac{1}{2} + \frac{1}{3}\left(\frac{2}{3}\right)^{n-1} \quad (n=1, 2, 3, \cdots) \quad \cdots (\text{答})$$

☞ $p_n = \dfrac{1}{2}\left\{1 + \left(\dfrac{2}{3}\right)^n\right\}$ としてもよいです．

練習 ㊶

(1) s, i, m, p, l, e の 6 種類の文字のうち

$$\begin{cases} \text{子音字は } s, m, p, l \text{ の 4 つ} \\ \text{母音字は } i, e \text{ の 2 つ} \end{cases}$$

第 6 節　隣り合う 2 つの項の関係を探る

である．これらを並べてできる順列のうち

「子音字と子音字が隣り合わない」 …(∗)

ものに注目する．

全部で $n+2$ 個の文字を並べた順列で(∗)を満たすものは a_{n+2} 通りある．それらを $n+2$ 番目の文字に注目して分類すると，次の表を得る．

順番		1 2 … n	n+1	n+2	並び方
文字	(∗)を満たす $n+1$ 個の並び		i		a_{n+1} 通り
			e		a_{n+1} 通り
	(∗)を満たす n 個の並び		i	s	a_n 通り
			e		a_n 通り
			i	m	a_n 通り
			e		a_n 通り
			i	p	a_n 通り
			e		a_n 通り
			i	l	a_n 通り
			e		a_n 通り

したがって，

$$a_{n+2}=2a_{n+1}+8a_n \quad (n=1,\ 2,\ 3,\ \cdots) \quad \cdots(答)$$

(2) (1)の結論により

$$\begin{cases} a_{n+2}+2a_{n+1}=\ \ \ 4(a_{n+1}+2a_n) \\ a_{n+2}-4a_{n+1}=-2(a_{n+1}-4a_n) \end{cases}$$

これらがすべての自然数 n について成り立つので，数列 $\{a_{n+1}+2a_n\}$ は公比が 4 の等比数列となり，数列 $\{a_{n+1}-4a_n\}$ は公比が -2 の等比数列となる．したがって，

$$\begin{cases} a_{n+1}+2a_n=\ \ \ \ 4^{n-1}(a_2+2a_1) \\ a_{n+1}-4a_n=(-2)^{n-1}(a_2-4a_1) \end{cases}$$

$$(n=1,\ 2,\ 3,\ \cdots)$$

☜ (∗)を満たす n 個の文字の順列は全部で a_n 通りあります．

したがって，(∗)を満たす $n+2$ 個の文字の順列は全部で a_{n+2} 通りです．これについて分析，分類して漸化式を作ります．

☜ $n+2$ 番目が子音字であれば，隣は母音字の i, e に限られます．すると n 番目までは，(∗)を満たすどんな n 個の並びでも構いません．その部分の並び方が a_n 通りあります．

☜ $x^2=2x+8$ の 2 解 α, β を用いて

$$a_{n+2}-\alpha a_{n+1}$$
$$=\beta(a_{n+1}-\alpha a_n)$$

と変形します．2 次方程式は $(x+2)(x-4)=0$ となるので，α, β の値の組は $(\alpha,\ \beta)=(-2,\ 4),\ (4,\ -2)$ の 2 つです．

さらに $a_1=6$ であり，2個の文字の順列のうち(*)を満たすものは次のようになる．

☞ 1個の文字の順列は6通り．これはすべて(*)を満たします．

順番	1	2	並び方
文字	i または e	i または e	$2\times 2=4$ 通り
	i または e	子音字	$2\times 4=8$ 通り
	子音字	i または e	$4\times 2=8$ 通り

したがって $a_2=20$ となり

$$\begin{cases} a_{n+1}+2a_n=32\cdot 4^{n-1}=2\cdot 4^{n+1} \\ a_{n+1}-4a_n=-4(-2)^{n-1}=2(-2)^n \end{cases}$$

辺々引いて6で割って

$$a_n=\frac{4^{n+1}-(-2)^n}{3} \quad (n=1,\ 2,\ 3,\ \cdots) \quad \cdots(答)$$

☞ これを a_{n+1} と a_n の連立方程式と見て，a_{n+1} を消去します．

練習 42

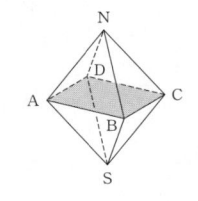

n 回目の移動を終えて，点Pが
$\begin{cases} A,\ B,\ C,\ D \text{のいずれかにある確率が } p_n \text{ であり}, \\ N \text{にある確率を } x_n \text{ とおき}, \\ S \text{にある確率を } y_n \text{ とする}. \end{cases}$

さらに最初に点PはNにあるので

$$p_0=0, \quad x_0=1, \quad y_0=0$$

と定める．

$n+1$ 回目の移動を終えて点PがA, B, C, Dのいずれかにあるのは次の場合である．

n 回目終了時のP	$n+1$ 回目終了時のP	確率
N	A, B, C, D	$x_n\times 1$
A B C D	D, B A, C B, D C, A	$p_n\times\dfrac{2}{4}$
S	A, B, C, D	$y_n\times 1$

☞ PがNにあると，次の移動でPは必ず網目の正方形の頂点へ移ります．

PがAにあると，Aに集まる4つの辺のうち，AB, ADを選んだときだけ，Pは網目の正方形の頂点に移ります．

これらの確率の和が p_{n+1} であるから

$$p_{n+1} = \frac{1}{2}p_n + x_n + y_n \quad (n=1, 2, 3, \cdots)$$

これは $n=0$ のときも成り立つ.

ここで, $p_n + x_n + y_n = 1$ であるから

$$p_{n+1} = \frac{1}{2}p_n + (1-p_n) = -\frac{1}{2}p_n + 1$$

$$\therefore \quad p_{n+1} - \frac{2}{3} = -\frac{1}{2}\left(p_n - \frac{2}{3}\right)$$

これがすべての 0 以上の整数 n に対して成り立つので,
数列 $\left\{p_n - \dfrac{2}{3}\right\}$ $(n \geqq 0)$ は公比が $-\dfrac{1}{2}$ の等比数列である.

よって

$$p_n - \frac{2}{3} = \left(-\frac{1}{2}\right)^n\left(p_0 - \frac{2}{3}\right) = -\frac{2}{3}\left(-\frac{1}{2}\right)^n$$

$$\therefore \quad p_n = \frac{2}{3}\left\{1 - \left(-\frac{1}{2}\right)^n\right\} \quad (n=0, 1, 2, \cdots) \quad \cdots（答）$$

☞ $p_0 - \dfrac{2}{3}$ が初項なので $p_n - \dfrac{2}{3}$ は $n+1$ 番目の項です.

もちろん $p_1 = 1$ を求めて
$$p_n - \frac{2}{3} = \left(-\frac{1}{2}\right)^{n-1}\left(p_1 - \frac{2}{3}\right)$$
に代入してもよいです.

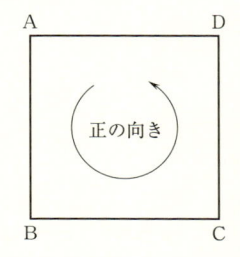

練習43

$$\begin{pmatrix} 1, 2 \text{ の目なら} \\ \quad \text{正の向きに隣の頂点へ} \\ 3, 4, 5, 6 \text{ の目なら} \\ \quad \text{負の向きに隣の頂点へ} \end{pmatrix}$$

(正方形 ABCD, 正の向き)

動点 P は各回の移動で隣の頂点に移るので
「P が A, C にあれば次の移動で B, D へ移り,
　P が B, D にあれば次の移動で A, C へ移る.」
最初に動点 P は A にあるので, $m=1, 2, 3, \cdots$ に対し

「$2m-1$ 回目の移動後に P は B, D にあり,
$2m$ 回目の移動後に P は A, C にある.」

$2m$ 回目の移動を終えて P が A にある確率は p_{2m}, P が C にある確率は $1-p_{2m}$ である.

また, $2m+2$ 回目の移動を終えて P が A にあるのは次の場合である.

$2m$ 回目の移動後の位置	$2m+1$ 回目の移動	$2m+2$ 回目の移動	確 率
A	正の向きに B へ	負の向きに A へ	$p_{2m} \cdot \dfrac{1}{3} \cdot \dfrac{2}{3}$
A	負の向きに D へ	正の向きに A へ	$p_{2m} \cdot \dfrac{2}{3} \cdot \dfrac{1}{3}$
C	正の向きに D へ	正の向きに A へ	$(1-p_{2m}) \cdot \dfrac{1}{3} \cdot \dfrac{1}{3}$
C	負の向きに B へ	負の向きに A へ	$(1-p_{2m}) \cdot \dfrac{2}{3} \cdot \dfrac{2}{3}$

☞ 2 回の移動で次のように移動し, P が A に達する場合を考えます.

これらの確率の和が p_{2m+2} であるから

$$p_{2m+2} = p_{2m}\left(\dfrac{1}{3} \cdot \dfrac{2}{3} + \dfrac{2}{3} \cdot \dfrac{1}{3}\right) + (1-p_{2m})\left\{\left(\dfrac{1}{3}\right)^2 + \left(\dfrac{2}{3}\right)^2\right\}$$

$$= \dfrac{4}{9}p_{2m} + \dfrac{5}{9}(1-p_{2m})$$

$$\therefore \quad p_{2m+2} = -\dfrac{1}{9}p_{2m} + \dfrac{5}{9} \quad (m=1, 2, 3, \cdots)$$

最初に P が A にあることを考慮し, $p_0=1$ と定めると, この漸化式は $m=0, 1, 2, \cdots$ に対して成り立つ.

$$p_{2m+2} - \dfrac{1}{2} = -\dfrac{1}{9}\left(p_{2m} - \dfrac{1}{2}\right)$$

が 0 以上のすべての整数 m について成り立つので, 数列 $\left\{p_{2m} - \dfrac{1}{2}\right\}$ ($m \geq 0$) は公比が $-\dfrac{1}{9}$ の等比数列である. したがって

$$p_{2m} - \dfrac{1}{2} = \left(-\dfrac{1}{9}\right)^m \left(p_0 - \dfrac{1}{2}\right) = \dfrac{1}{2}\left(-\dfrac{1}{9}\right)^m$$

☞ $p_0, p_2, p_4, p_6, \cdots$ という数列の漸化式を考えます. p_{2m} は $m+1$ 番目の項となります.

☞ $p_0 - \dfrac{1}{2}$ が初項なので, $p_{2m} - \dfrac{1}{2}$ は $m+1$ 番目の項です.

第 6 節 隣り合う 2 つの項の関係を探る

となって
$$p_{2m} = \frac{1}{2}\left\{1 + \left(-\frac{1}{9}\right)^m\right\} \quad (m = 0, 1, 2, \cdots) \quad \cdots (答)$$

練習 44

$$a_{n+1} = \frac{2[a_n] + 4}{3} \quad (n = 1, 2, 3, \cdots) \quad \cdots ①$$

$a_1 = 10$ であるので，① を繰り返し用いると

$$a_2 = \frac{2[10] + 4}{3} = \frac{2 \cdot 10 + 4}{3} = 8$$

$$a_3 = \frac{2[8] + 4}{3} = \frac{2 \cdot 8 + 4}{3} = \frac{20}{3}$$

$$a_4 = \frac{2\left[\frac{20}{3}\right] + 4}{3} = \frac{2 \cdot 6 + 4}{3} = \frac{16}{3}$$

☞ $\frac{20}{3} = 6 + \frac{2}{3}$ なので
$$\left[\frac{20}{3}\right] = 6$$
となります．

$$a_5 = \frac{2\left[\frac{16}{3}\right] + 4}{3} = \frac{2 \cdot 5 + 4}{3} = \frac{14}{3}$$

$$a_6 = \frac{2\left[\frac{14}{3}\right] + 4}{3} = \frac{2 \cdot 4 + 4}{3} = 4$$

$$a_7 = \frac{2[4] + 4}{3} = \frac{2 \cdot 4 + 4}{3} = 4$$

したがって

$$a_n = 4 \quad (n = 6, 7, 8, 9, \cdots) \quad \cdots (*)$$

☞ $[a_7] = [4] = 4$ なので，これから先は同じ計算が繰り返されると予想できます．
　そこで，(*) を数学的帰納法で証明します．

と予想される．

$a_k = 4$ であると仮定すると，① により

$$a_{k+1} = \frac{2[a_k] + 4}{3} = \frac{2 \cdot 4 + 4}{3} = 4$$

が導かれる．さらに $a_6 = 4$ であるので，数学的帰納法により (*) は成り立つ．

以上により

$$a_1 + a_2 + a_3 + a_4 + a_5 + a_6 + \cdots + a_{50}$$

$$= 10 + 8 + \frac{20}{3} + \frac{16}{3} + \frac{14}{3} + \underbrace{4 + 4 + \cdots + 4}_{50-5=45 \text{ 個の和}}$$

$$= \frac{30 + 24 + 20 + 16 + 14}{3} + 4 \times 45$$

$$= \frac{104}{3} + \frac{540}{3} = \frac{644}{3} \qquad \cdots \text{(答)}$$

練習㊺

$$a_{n+1} = \frac{n^2}{(n+2)^2} a_n \quad (n = 1, 2, 3, \cdots) \qquad \cdots (*)$$

$n \geq 2$ のとき，$(*)$ を繰り返し用いると

$$a_n = \frac{(n-1)^2}{(n+1)^2} a_{n-1} = \frac{(n-1)^2}{(n+1)^2} \cdot \frac{(n-2)^2}{n^2} a_{n-2}$$

$$= \frac{(n-1)^2}{(n+1)^2} \cdot \frac{(n-2)^2}{n^2} \cdot \frac{(n-3)^2}{(n-1)^2} a_{n-3}$$

$$= \frac{(n-1)^2}{(n+1)^2} \cdot \frac{(n-2)^2}{n^2} \cdot \frac{(n-3)^2}{(n-1)^2} \cdot \frac{(n-4)^2}{(n-2)^2} a_{n-4}$$

$$= \cdots$$

$$= \frac{(n-1)^2}{(n+1)^2} \cdot \frac{(n-2)^2}{n^2} \cdot \frac{(n-3)^2}{(n-1)^2} \cdot \frac{(n-4)^2}{(n-2)^2} \cdots \cdots \frac{3^2}{5^2} \cdot \frac{2^2}{4^2} \cdot \frac{1^2}{3^2} a_1$$

☞ $a_{n-1} = \frac{(n-2)^2}{n^2} a_{n-2}$

$a_{n-2} = \frac{(n-3)^2}{(n-1)^2} a_{n-3}$

$a_{n-3} = \frac{(n-4)^2}{(n-2)^2} a_{n-4}$

を代入していきます．

☞ 最後に $a_2 = \frac{1^2}{3^2} a_1$ を代入して，変形は終わります．

これを整理すると

$$a_n = \frac{2^2 \cdot 1^2}{(n+1)^2 n^2} a_1 \quad (n = 2, 3, 4, \cdots)$$

$n = 1$ のときこの等式は $a_1 = \frac{2^2 \cdot 1^2}{2^2 \cdot 1^2} a_1$ となって成立している．$a_1 = 1$ を代入し

$$a_n = \frac{4}{n^2 (n+1)^2} \quad (n = 1, 2, 3, \cdots) \qquad \cdots \text{(答)}$$

【別解】

$(*)$ の両辺に $(n+1)^2 (n+2)^2$ を掛けて

$$(n+1)^2 (n+2)^2 a_{n+1} = n^2 (n+1)^2 a_n$$

$$(n = 1, 2, 3, \cdots)$$

☞ 数列 $\{n^2 (n+1)^2 a_n\}$ の第 $n+1$ 項と第 n 項の値は一致します．

したがって，数列 $\{n^2(n+1)^2 a_n\}$ には一定の値が並び
$$n^2(n+1)^2 a_n = 1^2 \cdot 2^2 \cdot a_1$$
$$(n=1, 2, 3, \cdots)$$

☜ 第 n 項は初項と値が同じです．

$a_1 = 1$ を代入し
$$n^2(n+1)^2 a_n = 4$$
$$\therefore \quad a_n = \frac{4}{n^2(n+1)^2} \quad (n=1, 2, 3, \cdots) \quad \cdots（答）$$

練習 46

$a_n = 6^n - 5n - 1 \quad (n=1, 2, 3, \cdots)$ とおく．

(ア) $a_1 = 6 - 5 - 1 = 0$ であるから
「a_1 は 5 の倍数である．」

(イ) a_k が 5 の倍数であると仮定すると
$$a_k = 6^k - 5k - 1 = 5m \quad \cdots ①$$
を満たす整数 m が存在する．
$$a_{k+1} = 6^{k+1} - 5(k+1) - 1 = 6 \cdot 6^k - 5k - 6$$
であるので，① を $6^k = 5k + 5m + 1$ と変形し代入すると

☜ 指数関数 6^{k+1} を ① を用いて消去します．

$$a_{k+1} = 6(5k + 5m + 1) - 5k - 6 = 5(5k + 6m)$$
ここで，$5k + 6m$ は整数であるので
「a_k が 5 の倍数であるならば
　a_{k+1} も 5 の倍数となる．」

(ア)，(イ) の結論から数学的帰納法によって
「a_n は 5 の倍数である．$(n=1, 2, 3, \cdots)$」

【別解 1】

$a_n = 6^n - 5n - 1 \quad (n=1, 2, 3, \cdots)$ とおくと
$$6^n = a_n + 5n + 1$$
n を $n+1$ に書き換えて
$$6^{n+1} = a_{n+1} + 5n + 6$$
$6^{n+1} = 6 \cdot 6^n$ に上の 2 式を代入すると

☜ 数列 $\{a_n\}$ についての漸化式を作って，数学的帰納法の証明に利用します．
$$\begin{cases} a_{n+1} = 6 \cdot 6^n - 5n - 6 \\ a_n = 6^n - 5n - 1 \end{cases}$$
の辺々引いて
$$a_{n+1} = a_n + 5 \cdot 6^n - 5$$
を作っても ② を導くことができます．

$$a_{n+1}+5n+6=6(a_n+5n+1)$$
$$\therefore \quad a_{n+1}=6a_n+25n \quad (n=1,\ 2,\ 3,\ \cdots)$$

したがって，

「a_n が5の倍数であるならば
a_{n+1} も5の倍数となる．」 …②

☞ $a_{n+1}=5(a_n+5n)+a_n$
　　　$=(5\text{の倍数})+a_n$
となっています．

さらに $a_1=6-5-1=0$ であるから

「a_1 は5の倍数である．」 …③

②，③ から数学的帰納法によって

「a_n は5の倍数である．($n=1,\ 2,\ 3,\ \cdots$)」

【別解2】

$6^n=(5+1)^n$ に二項定理を用いると
$$6^n=5^n+{}_nC_1\cdot 5^{n-1}+{}_nC_2\cdot 5^{n-2}$$
$$+\cdots+{}_nC_{n-2}\cdot 5^2+{}_nC_{n-1}\cdot 5+1$$
$$=5^n+{}_nC_1\cdot 5^{n-1}+{}_nC_2\cdot 5^{n-2}$$
$$+\cdots+{}_nC_{n-2}\cdot 5^2+5n+1$$

$(x+y)^n$
$={}_nC_0x^n+{}_nC_1x^{n-1}y$
$+{}_nC_2x^{n-2}y^2+\cdots$
$+{}_nC_{n-1}xy^{n-1}+{}_nC_ny^n$

したがって，$n\geqq 2$ のとき
$$6^n-5n-1$$
$$=5^n+{}_nC_1\cdot 5^{n-1}+{}_nC_2\cdot 5^{n-2}+\cdots+{}_nC_{n-2}\cdot 5^2$$
$$=5(5^{n-1}+{}_nC_1\cdot 5^{n-2}+{}_nC_2\cdot 5^{n-3}+\cdots+{}_nC_{n-2}\cdot 5)$$

となる．この（　）内は整数であるので

「6^n-5n-1 は5の倍数である．($n=2,\ 3,\ 4,\ \cdots$)」

さらに

「$6^1-5\cdot 1-1=0$ は5の倍数である．」

以上により

「6^n-5n-1 は5の倍数である．($n=1,\ 2,\ 3,\ \cdots$)」

練習 47

$$z_n=\left(\frac{1+\sqrt{7}i}{2}\right)^n+\left(\frac{1-\sqrt{7}i}{2}\right)^n \quad (n=1,\ 2,\ 3,\ \cdots)$$

において，$\alpha=\dfrac{1+\sqrt{7}i}{2}$，$\beta=\dfrac{1-\sqrt{7}i}{2}$ とおくと

$$z_n = \alpha^n + \beta^n \quad (n=1, 2, 3, \cdots) \quad \cdots ①$$

(1) ここで

$$\begin{cases} \alpha + \beta = \dfrac{(1+\sqrt{7}\,i)+(1-\sqrt{7}\,i)}{2} = 1 \\ \alpha\beta = \dfrac{(1+\sqrt{7}\,i)(1-\sqrt{7}\,i)}{2^2} = \dfrac{1-(\sqrt{7}\,i)^2}{4} = 2 \end{cases} \quad \cdots ②$$

であるので

$$\begin{aligned}\alpha^{n+2}+\beta^{n+2} &= (\alpha+\beta)(\alpha^{n+1}+\beta^{n+1}) - \alpha^{n+1}\beta - \alpha\beta^{n+1} \\ &= (\alpha+\beta)(\alpha^{n+1}+\beta^{n+1}) - \alpha\beta(\alpha^n+\beta^n) \\ &= (\alpha^{n+1}+\beta^{n+1}) - 2(\alpha^n+\beta^n)\end{aligned}$$

①を用いると

$$z_{n+2} = z_{n+1} - 2z_n \quad (n=1, 2, 3, \cdots)$$

を得るので

「z_n と z_{n+1} がともに整数 ならば z_{n+2} は整数となる.」 $\cdots ③$

☞ $n=1$ のときの③は 「z_1 と z_2 が整数 ならば z_3 は整数」 です. z_1 だけでなく z_2 も 整数であることを確認しな いと, z_3 が整数であるこ とは導けません.

一方, ①, ②から

$$\begin{cases} z_1 = \alpha + \beta = 1 \\ z_2 = \alpha^2 + \beta^2 = (\alpha+\beta)^2 - 2\alpha\beta = -3 \end{cases}$$

となり

「z_1 と z_2 はともに整数である.」 $\cdots ④$

③, ④から数学的帰納法により

「z_n は整数である. $(n=1, 2, 3, \cdots)$」

(2) $z_1=1$, $z_2=-3$, $z_{n+2}=z_{n+1}-2z_n$ $(n=1, 2, 3, \cdots)$ から次の表を得る.

n	1	2	3	4	5	6	7	8	9	10
z_n	1	㊀3	-5	1	11	⑨	-13	-31	-5	㊹

☞ z_2, z_6, z_{10} が3の倍数 なので, z_n と z_{n+4} の関 係を考えます.

そこで, 漸化式を繰り返し用いると

$$z_{n+4} = z_{n+3} - 2z_{n+2}$$
$$= (z_{n+2} - 2z_{n+1}) - 2z_{n+2}$$
$$= -z_{n+2} - 2z_{n+1}$$
$$= -(z_{n+1} - 2z_n) - 2z_{n+1}$$
$$= -3z_{n+1} + 2z_n$$

ここで $-3z_{n+1}$ は 3 の倍数であるから

$$z_{n+4} = (3 \text{ の倍数}) + 2z_n \quad (n = 1, 2, 3, \cdots)$$

となって

$\begin{cases} \lceil z_n \text{ が 3 の倍数} \rfloor \Longrightarrow \lceil z_{n+4} \text{ は 3 の倍数} \rfloor \\ \lceil z_n \text{ が 3 の倍数でない} \rfloor \Longrightarrow \lceil z_{n+4} \text{ は 3 の倍数でない.} \rfloor \end{cases}$

☜ $z_n = 3m \pm 1$ (m は整数)
と表せるとき
z_{n+4}
$= (3 \text{ の倍数}) + 6m \pm 2$
となり z_{n+4} は 3 の倍数になりません.

さらに, 表で調べたように

「z_1, z_3, z_4 は 3 の倍数でなく
z_2 は 3 の倍数である.」

以上から, $k = 1, 2, 3, \cdots$ に対して

「$z_{4k-3}, z_{4k-1}, z_{4k}$ は 3 の倍数でなく
z_{4k-2} は 3 の倍数である」

ことがわかり

「z_n が 3 の倍数である」
$\iff$ 「n を 4 で割った余りが 2 である.」 …(答)

☜ 3 の倍数となる項は
$z_2, z_6, z_{10},$
$\cdots, z_{4k-2}, \cdots$
です.

練習 48

$\begin{cases} a_1 > 1 \\ a_{n+1} > 1 + a_1 + a_2 + \cdots + a_n \\ \quad (n = 1, 2, 3, \cdots) \end{cases}$ …①

を満たす数列 $\{a_n\}$ について

$$a_n > 2^{n-1} \quad \cdots (*)$$

であることを示す.

(ア) $a_1 > 1 = 2^0$ であるから

「$n = 1$ のとき (*) は成り立つ.」

(イ) $a_1>2^0$, $a_2>2^1$, $a_3>2^2$, $\cdots$, $a_k>2^{k-1}$ のすべてが成り立つと仮定する．① を用いると
$$a_{k+1}>1+a_1+a_2+a_3+\cdots+a_k$$
$$>1+(2^0+2^1+2^2+\cdots+2^{k-1})$$
この（ ）内の等比数列の和を求めることにより
$$a_{k+1}>1+\frac{2^0(2^k-1)}{2-1}=1+(2^k-1)$$
$$\therefore\ a_{k+1}>2^k$$
したがって
「$n=1$, 2, 3, $\cdots$, k で (*) が成り立てば $n=k+1$ のとき (*) は成り立つ．」

(ア)，(イ) の結論から数学的帰納法によって
「すべての自然数 n に対し (*) は成り立つ．」

<small>※ $n=k$ のときの① は
$$a_{k+1}>1+a_1+a_2+\cdots+a_k$$
です．これを用いて a_{k+1} に関する不等式を導くのですから，
$n=1$, 2, 3, $\cdots$, k のすべてについて (*) が成り立つことを仮定しなければなりません．</small>

練習 49

$$(1+\sqrt{2})^n=a_n+b_n\sqrt{2}\quad(n=1,\ 2,\ 3,\ \cdots)$$

(1) $(1+\sqrt{2})^{n+1}=(1+\sqrt{2})(1+\sqrt{2})^n$ であるから
$$a_{n+1}+b_{n+1}\sqrt{2}=(1+\sqrt{2})(a_n+b_n\sqrt{2})$$
$$\therefore\ a_{n+1}+b_{n+1}\sqrt{2}=(a_n+2b_n)+(a_n+b_n)\sqrt{2}$$
ここで，$\sqrt{2}$ は無理数であるから
$$\begin{cases} a_{n+1}=a_n+2b_n \\ b_{n+1}=a_n+\ b_n \end{cases}\quad(n=1,\ 2,\ 3,\ \cdots)\quad\cdots\text{(答)}$$

<small>A, B, C, D が有理数で
$$A+B\sqrt{2}=C+D\sqrt{2}$$
が成り立てば
$$\begin{cases} A=C \\ B=D \end{cases}$$</small>

(2) $x_n=a_n^2-2b_n^2\ (n=1,\ 2,\ 3,\ \cdots)$ により数列 $\{x_n\}$ を定める．(1) の結果を用いると
$$x_{n+1}=a_{n+1}^2-2b_{n+1}^2$$
$$=(a_n+2b_n)^2-2(a_n+b_n)^2$$
$$=-a_n^2+2b_n^2=-(a_n^2-2b_n^2)$$
$$\therefore\ x_{n+1}=-x_n\quad(n=1,\ 2,\ 3,\ \cdots)$$
よって，数列 $\{x_n\}$ は公比が -1 の等比数列であり
$$x_n=(-1)^{n-1}x_1\quad(n=1,\ 2,\ 3,\ \cdots)$$

<small>※ 数列 $\{a_n^2-2b_n^2\}$ の漸化式を作り，一般項を求めます．もちろん
$$a_n^2-2b_n^2=(-1)^n$$
であることを，数学的帰納法で証明することもできます．</small>

一方，$1+\sqrt{2}=a_1+b_1\sqrt{2}$ から $a_1=b_1=1$
したがって $x_1=a_1{}^2-2b_1{}^2=-1$
以上から
$$a_n{}^2-2b_n{}^2=x_n=(-1)^n \quad (n=1, 2, 3, \cdots)$$

(3) (2)の結果から
$$a_n{}^2=2b_n{}^2+(-1)^n$$
$$=\begin{cases} 2b_n{}^2+1 & (n \text{ が偶数のとき}) \\ 2b_n{}^2-1 & (n \text{ が奇数のとき}) \end{cases}$$

さらに，$(1+\sqrt{2})^n=a_n+b_n\sqrt{2}=\sqrt{a_n{}^2}+\sqrt{2b_n{}^2}$ であるから，

$$(1+\sqrt{2})^n=\begin{cases} \sqrt{2b_n{}^2+1}+\sqrt{2b_n{}^2} & (n \text{ が偶数のとき}) \\ \sqrt{2b_n{}^2-1}+\sqrt{2b_n{}^2} & (n \text{ が奇数のとき}) \end{cases}$$

そこで，n が偶数の場合 $m=2b_n{}^2$ とおき，n が奇数の場合 $m=2b_n{}^2-1$ とおけば，m は整数であり，いずれの場合も

$$(1+\sqrt{2})^n=\sqrt{m+1}+\sqrt{m}$$

と表される．

練習 50

(1) $1, 2, a_3$ は等比数列であるから $a_3=4$

$2, 4, a_4$ は等差数列であるから $a_4=6$

$4, 6, a_5$ は等比数列であるから $a_5=9$ 　　　☜ $\dfrac{6}{4}=\dfrac{a_5}{6}$ となります．

$6, 9, a_6$ は等差数列であるから $a_6=12$ 　　　☜ $9-6=a_6-9$ です．

したがって，
$$a_3=4, \quad a_4=6, \quad a_5=9, \quad a_6=12 \quad \cdots(\text{答})$$

(2) (1)の結果から
$$a_{2n-1}=n^2, \quad a_{2n}=n(n+1) \quad \cdots(*)$$

であると予想される．　　　☜ $a_1=1^2, a_2=1\cdot 2$
　　　　　　　　　　　　　　　　$a_3=2^2, a_4=2\cdot 3$
　　　　　　　　　　　　　　　　$a_5=3^2, a_6=3\cdot 4$
　　　　　　　　　　　　　　となっていることから，予想しました．

(ア) $a_1=1^2, a_2=1\cdot 2$ であるので

「$n=1$ のとき (*) は成り立つ.」

(イ) $a_{2k-1}=k^2$, $a_{2k}=k(k+1)$ であると仮定する.

a_{2k-1}, a_{2k}, a_{2k+1} すなわち k^2, $k(k+1)$, a_{2k+1}
が等比数列であるから

$$\frac{k(k+1)}{k^2}=\frac{a_{2k+1}}{k(k+1)}$$

☞ 隣り合う 2 項の比が一定です.

$$\therefore \quad a_{2k+1}=(k+1)^2$$

a_{2k}, a_{2k+1}, a_{2k+2} すなわち $k(k+1)$, $(k+1)^2$, a_{2k+2} が等差数列であるから

$$(k+1)^2-k(k+1)=a_{2k+2}-(k+1)^2$$

☞ 隣り合う 2 項の差が一定です.

$$\therefore \quad a_{2k+2}=2(k+1)^2-k(k+1)$$
$$=(k+1)\{2(k+1)-k\}$$
$$=(k+1)(k+2)$$

以上により

「$n=k$ のとき (*) が成り立つならば

$n=k+1$ のときも (*) は成り立つ.」

(ア), (イ) の結論から数学的帰納法によって

「すべての自然数 n に対して (*) は成り立つ.」

13Z10

KP
KAWAI PUBLISHING